铀浓缩技术系列丛书

铀浓缩辐射防护与核应急技术

丛 书 主 编　钟宏亮
丛书副主编　马文革　陈聚才
主　　　编　马　宙
副　主　编　武哲江　李宝权　孙海胜

中国原子能出版社

图书在版编目（CIP）数据

铀浓缩辐射防护与核应急技术 / 钟宏亮主编. —北京：中国原子能出版社，2021.12

ISBN 978-7-5221-1766-9

Ⅰ. ①铀…　Ⅱ. ①钟…　Ⅲ. ①铀浓缩物－金属提取－辐射防护　Ⅳ. ①TL7

中国版本图书馆 CIP 数据核字（2021）第 258602 号

内 容 简 介

本书是第一本有关离心法生产浓缩铀的技术丛书。本书全面介绍了铀浓缩工厂实物保护概念，基础理论，系统运行管理，风险分析评估；应急准备和响应的目标与原则，事故预防与缓解，应急状态分级、行动水平、应急组织、设施设备，核设施响应处置、终止恢复行动、应急响应能力保持；核应急辐射防护概念原理，离心分离过程的辐射及污染源项，离心分离过程中辐射防护监测和污染物监测等内容。编写过程中，作者将相关理论、原则与铀浓缩工厂实际相结合，内容具体而又实用，对铀浓缩工厂相关工作具有指导作用。

本书可供从事铀浓缩相关系统设备科研、设计、生产和教学培训的人员参考。

铀浓缩辐射防护与核应急技术

出版发行　中国原子能出版社（北京市海淀区阜成路 43 号　100048）
责任编辑　刘　岩
装帧设计　崔　彤
责任校对　冯莲凤
责任印制　赵　明
印　　刷　保定市中画美凯印刷有限公司
经　　销　全国新华书店
开　　本　787 mm×1092 mm　1/16
印　　张　12.625
字　　数　316 千字
版　　次　2021 年 12 月第 1 版　2021 年 12 月第 1 次印刷
书　　号　ISBN 978-7-5221-1766-9　　**定　价**　**52.00 元**

网址：http://www.aep.com.cn　　**E-mail：atomep123@126.com**
发行电话：010-68452845

《铀浓缩技术系列丛书》

编　委　会

《铀浓缩辐射防护与核应急技术》

编 审 人 员

主　　编：马　宙

副 主 编：武哲江　李宝权　孙海胜

编写人员：（按姓氏笔画为序）

王　坚　王　鹏　王芷馨　付朝勇　朱玉梅　刘士轩　闫汉洋

李　鸿　李　鹏　李开龙　杨云鹏　杨静远　余　飞　陆永德

陈　超　周延宏　孟福海　郭军万　彭　阳　魏万丽

审校人员：（按姓氏笔画为序）

孙　伟　杨　鑫　张芳娣　陈贵鑫　净小宁　段生鹏　焦远征

谢国和

序

铀浓缩产业是一个国家核力量的代表，是核工业发展的基础，是核工业产业链的重要组成部分，是国防建设和核能发展的重要基础，更是有核国家核实力的体现。

自 20 世纪 50 年代扩散法铀浓缩开始，我国老一辈铀浓缩专家刻苦钻研、努力攻关，相继突破了扩散级联计算与运行、铀浓缩供取料技术、铀浓缩相关设备及扩散膜的研发与升级等关键技术工艺，不仅满足了当时核力量生产需要，而且取得了大批创新成果，积累了大量丰富的宝贵经验，培养了许多铀浓缩领域的优秀技能技术人才，为我国核工业打下了坚实基础。

离心法铀浓缩技术是铀浓缩技术方法一种。中核陕西铀浓缩有限公司是最早进行离心法铀浓缩工艺技术科研生产实验的企业，也是我国第一座离心法铀浓缩商用工厂。多年来，秉承核工业人的优良传统，励精图治，稳步推进，在离心法铀浓缩生产科研等方面取得了丰硕成果，不断推高安全稳定生产运行水平，并有效降低了生产成本，保证了核燃料生产的国产化，突破了核工业发展瓶颈，也体现了生产科研较高水平。

《铀浓缩技术系列丛书》广泛吸取了众多离心法铀浓缩领域专家、工程师和技能人员的心血成果和意见，参照吸收国内外先进经验及发展趋势，积累整理大量相关资料编写而成。这既是系统总结我国铀浓缩领域工艺技术自主创新成果，也是留给后继人员的一笔宝贵财富。这本书的出版也完成了我于心已久的夙愿。

最后，感谢相关部门的大力支持帮助和出版社的鼎力相助。祝我国铀浓缩领域工艺技术取得更大进步和发展，为我国核工业和核能事业作出更大贡献。

中核陕西铀浓缩有限公司董事长　钟宏亮

2021 年 12 月

前言
Preface

铀浓缩设施在选址、设计、建造、调试、运行等各个阶段都严格遵从核安全法规进行，在设计上采取了“纵深防御”的原则和防止事故发生的多重安全措施，并且留有较大的安全裕量，虽然铀浓缩设施因失误或事故进入核事故应急状态的可能性很小，但仍不能完全排除。核事故可能导致放射性物质不可接受的释放，或对人员造成不可接受的照射，为了保障工作人员、公众的安全、保护环境，掌握核事故应急准备和应急响应的知识，制定铀浓缩设施场内核事故应急预案显得尤为重要，各级人员应做好应急准备和应急响应，把它作为“纵深防御”的一部分，以便在一旦发生事故时能快速有效地采取应急响应措施，控制事故的发展，并最大限度地减轻事故的后果和危害。

本书全面介绍了铀浓缩工厂实物保护概念、基础理论、系统运行管理、风险分析评估；应急准备和应急响应的目标与原则、事故预防与缓解、应急状态分级、行动水平、应急组织、设施设备、核设施响应处置、终止恢复行动、应急响应能力保持；核应急辐射防护概念原理、离心分离过程的辐射及污染源项、离心分离过程中辐射防护监测和污染物监测等内容。

本书承载着我们对铀浓缩高素质人才培训的探索，从事铀浓缩辐射防护、核与辐射安全管理和安全保卫人员通过学习本丛书所讲述的内容，能较全面了解和掌握铀浓缩核与辐射安全的相关知识，不断提高操作水平和综合能力。

本书编写过程中得到了中核陕西铀浓缩有限公司各级领导及相关单位鼎力相助，其中铀浓缩设施辐射防护篇由李宝权、杨云鹏、李鸿、陈超、陆永德等同志编写；铀浓缩设施应急准备和应急响应篇由马宙、周延宏、魏万丽等同志编写；铀浓缩工厂实物保护篇由孙海胜、李开龙、李鹏等同志编写。马宙对本分册内容进行了审核、修改、完善；陈贵鑫同志对本分册内容提出了审核建议，在此一并表示感谢！

鉴于编者水平有限，文中难免有不当之处，敬请读者在阅读和学习过程中提出宝贵意见，以便再版时加以改正。

马　宙

2021 年 12 月

目 录
Contents

第1章

铀浓缩工厂实物保护概述

1.1 核材料实物保护概念

1.1.1 名词解释

根据行业标准的相关定义，对于核设施的实物保护与实务保护系统的定义如下。

核安保：对偷窃、破坏、未经授权接触、非法转运或其他涉及核材料放射性物质以及相关设施的行为进行规范、探测和响应。

核安保文化：参与实施核安保文化的所有组织应适当优先考虑其文化、发展和必要的维护，以确保在整个组织中有效实施。

实物保护：为防止入侵者盗窃、抢劫或非法转移核材料或破坏核设施所采取的保护措施。

实物保护系统：具有探测、延迟及响应功能，用于破坏核设施及核材料，以及防止盗窃、抢劫或擅自转移或使用核材料活动的安全防范系统。

1.1.1.1 实物保护具有明确的保护目标

实物保护系统的目的是防止核材料的非法转移以及防止核设施遭到蓄意破坏，其保护目标是一些特定的设备或物品。

1.1.1.2 实物保护具有明确的防御对象

实物保护系统的假想敌手是具有专业知识与技能，具备工具与装备的，有决心和能力对核设施进行破坏或对核材料进行非法转移的敌对人员。

1.1.1.3 实物保护应阻止非法行为

实物保护系统通过探测、延迟、响应相结合的方法，探测到敌手的入侵行为，并出动响应力量对入侵者进行制止，实物保护系统的最终目标是敌手在完成入侵行为前被消灭或放弃行动。

1.1.2 实物保护三要素

1.1.2.1 探测

探测是指察觉到试图非法进入受控区域的人员或车辆，并向保卫控制部门发出警报，同时对入侵行为进行评估。

探测形式主要包括以下几种。

1. 入侵探测

入侵探测是实物保护系统的一个重要组成部分，其目的是尽早地探知外界入侵，为阻止入侵行为赢得更多的响应时间。

入侵探测系统需要划定一定的空间，作为探测区域，一般是一个封闭的空间，可以在上、空中或下，任何在探测区域内出现的人员都会被认为是非法入侵。

入侵探测系统可以分为周界入侵探测与内部入侵探测。周界入侵探测设置在实物保护系统的最外围，通常设置隔离带与实体屏障，用于阻止入侵者从外围进入核设施。内部入侵用于特定的房间，这些房间正常运行时应当闭锁。

2. 出入控制

核设施运行要求工作人员在各个不同的岗位上工作，必须对合法的访问与非法入侵进行区分，因此需要通过身份识别设备来识别人员的权限，并联动可开启关闭的屏障，从而允许具有合法权限的人员进入到受控区域，阻止无授权人员进入到相关区域，并将非法访问的行为信息传送到实保中心。

身份识别的手段通常有以下几种：

a. 身份卡：储存有授权人信息的芯片。

b. 密码：只有授权人才知道的一组数字或字母组合。

c. 生物特征：授权人的指纹、声纹、面貌等生物特征。

对于具有较高安全等级要求的区域，可以采取不同身份识别手段的组合。

3. 视频探测

核设施实物保护系统需要设置视频监控系统，摄像机布置在各安保区域的出入口、周界及重要部位，并在实保中心进行实时的监控。系统对不法分子起威慑作用，防范于未然；在出现意外或报警时安保人员能通过系统迅速了解现场的情况，并对现场的报警信号进行复核，以便迅速采取有效措施；对入侵报警或其他意外过程进行视频记录、存放，可作为后续查询或提供相关分析判断依据。

(a)

(b)

(c)

图 1-1　摄像机

（a）球形摄像机；（b）枪形摄像机；（c）枪球一体摄像机

1.1.2.2　延迟

延迟是指延长或推迟风险事件进程的措施。

有效地实物保护系统不仅应当能够探测到入侵者的恶意行为，还应当能够截获并制止入侵者。为了确保响应力量能够到达保护目标，并成功制止入侵者，需要设置主动或被动的延迟措施，来延长入侵者来实现其目标的时间，以保证实物保护系统的有效性。延迟对于实物保护系统而言至关重要，提高延迟时间会大幅度提高响应力量成功入侵的概率。

延迟应当被设置在通往保护目标的各条路径上，保证各个路径具有相似的延迟时间，从而实现均衡保护。

实物保护系统的延迟通常包括以下几种形式：

1. 实体屏障

实体屏障包括各种围栏、墙体、格栅、构筑物等。实体屏障将受保护目标和非保护区域进行了物理隔离。入侵者如果需要破坏或盗取保护目标，必须翻越或者破坏实体屏障。

实体屏障必须合理安装才能起到作用，例如，我国要求栅栏型屏障的高度不应低于 2.5 m，并且应该在其顶部安装倒刺铁丝，这样才能有效地防止人员攀爬。不同的实体屏障具有不同的延迟效果。例如：混凝土墙的延迟时间必定由多于砖墙，防暴网的延迟效果要好于编织网。另外，对于不同的入侵者，同样地实体屏障又具有不同的延迟效果，例如入侵者可以利用电动工具，有效地破坏编制网围栏，也可能利用炸药破坏厚度较薄的混凝土墙体。因此必须根据核设施的实际环境、目标的重要性、入侵者能力等多个方面选择合适的实体屏障。

(a)

(b)

图 1-2　实体屏障示意图

（a）墙体；（b）格栅

2. 出入口屏障

实物保护系统的延迟不能干扰核设施的正常生产运行，对于保护目标除了用实体屏障进行保护外，还应当设置可开启的出入口，允许有权限的操作人员进出以进行正常的生产操作。

出入口屏障包括各类安保门、旋转门、车辆道闸等。应当与身份识别设备配合使用，在身份及授权得到确认将出入口打开，并在人员与车辆通过后关闭。

出入口屏障应当保证自身具有充分的延迟时间，即出入口屏障在关闭的时候很难通过暴力进行破坏，其门体与锁都具有较高的防暴等级。另外，出入口屏障还应到采取措施，限制进入的人员确实是具有授权的合法人员，即一次身份验证只允许通过一人或一部车辆，例如使用旋转门，车辆通道要采用双道闸门形式。

图 1-3　出入口屏障

（a）旋转门；（b）闪翼通道；（c）平移门；（d）阻车板；（e）液压柱

3. 主动延迟措施

主动延迟措施通常是一种电子机械结构，可以设置在通往保护目标的附近，在正常核设施正常运行时不启动，在发生入侵行为时可根据指令在控制室内进行释放，并限制入侵者的行动。主动延迟措施在我国尚没有广泛的应用，也无具体要求，但随着对核安保要求的不断提高，在今后可能成为一种普遍应用的技术手段。

1.1.2.3　响应

有效地实物保护系统应当能够成功地防止核材料的非法转移并防止核设施遭到蓄意破坏，因此必须具备响应力量以阻止入侵者。

图 1-4　响应力量

铀浓缩工厂保卫力量由驻厂武警、当地公安、营运单位安保人员组成，若这些保卫力量无法有效阻止入侵时，会向上级请求外部武装响应力量。营运单位安保人员负责对报警信息进行复核、处理简单的违规事件，当发生武装或强力入侵情况时，通常由驻厂武装力量进行先期处置。

在铀浓缩工厂响应处置时通信指挥是至关重要的，因此在实物保护系统设置单独的有线与无线通信手段，从而保证入侵行为能够及时通知到响应力量，并支持其指挥调度同时保证后期响应指挥。

1.1.3　实物保护设计评估

铀浓缩工厂实物保护系统（pps）的完整设计流程主要包括目标确定、设计、分析评估三个步骤。

设计者首先应当收集关于核设施的信息，包括核设施的性质、功能、存放的核材料、外部威胁等因素。接下来设计者必须根据确定的保护目标，将实物保护的三个要素结合，完成失误保护系统的设计。然后再对设计进行评估，以保证实物保护系统能够提供有效的探测、延迟与响应，从而能够达到设计目标，如果在评估过程中发现实物保护系统存在漏洞，必须对设计进行改进并重新评估。

1.1.3.1　目标确定

实物保护系统目标的确定是第一个步骤。设计者应当对核设施进行分析与描述，包括核设施的性质、地理位置、主要构筑物、存放核材料的种类与数量，从未确定保护目标以及应采取的实物保护措施等级。

其次，设计者应当获得关于核设施所受威胁的相关信息，包括敌手的类型和数量、动机和意图、具有的知识和能力等等，这些信息应当由核设施运营者与国家相关部门提供，并形成一份设计基准威胁文件。

实物保护系统将探测、延迟、响应三个元素进行有效地结合，合理的划分有效区域，并选择适合的技术探测手段，并设置必要的屏障，以保证响应力量能够在入侵者完成破坏核设施或者盗窃核材料之前成功阻止其行为。

完整实物保护系统设计应当包括以下内容：

1. 保卫区域划分

应当明确核设施采用什么级别的实物保护，如何划分要害区、保护区和控制区，以及各个区域中所包含的构筑物。

核设施实物保护一般分三级，分级的标准主要包括：堆芯热功率核材料数量、放射性废物的类别，以及对周围环境影响等。实施一级实物保护的核设施控制区、保护区和要害区；实施二级实物保护的和设施控制区和保护区；实施三级实物保护的核设施控制区。

2. 实体屏障的设置

根据分区方案，确定各安保区域的周界范围，以及采用的实体屏障形式。

3. 出入口设置

核设施各个安保区域都设置出入口，以及必要的应急出入口，并确定出入通道的数量。

4. 技术防范措施

（1）根据厂址情况与环境条件，确定各个分区周界上所采用的入侵探测系统的种类，防区的设置方案，以及穿越区域周界的沟渠、管道等处设置通知探测系统的方法。

（2）根据出入口的设置，针对各个出入口确定出入口控制系统所采用的系统构架、需要设置的出入口屏障设备、违禁品探测设备。

（3）根据入侵探测与出入口系统的布置情况，确定视频监控摄像机的设置方案，视频的传输方案。

5. 实物保护网络与集成安保

实物保护系统需设置安保专网，应设计实物保护安保专网的整体构架，包括核心交换机、接入交换机、信息点的设置，并需要配置必要的网络安全手段。实物保护系统设置集成安保管理与控制平台，用于各个技防子系统之间的数据交互。

6. 安保通信

需要为核设施安保人员与武装响应力量设置的专用的有线和无线通信（需加密）手段。

7. 巡更

确定设计所使用的巡更系统为何种方式，如：在线、离线、与门禁系统结合等。

8. 安保照明

设计照明系统的方案，包括控制方式、控制地点、与集成安保系统的接口；设计安保照明系统的系统组成；设计周界照明灯柱的安装方式、安装方向等内容；确定照明系统提供照度的范围，以及夜间平均照度标准值。

9. 安保供配电

设计实物保护电源系统架构，包括电源来源、备用方案；应确定备用电源的组成，如：采用柴油发电机组和 UPS 的组合，并确定备用电源的后背时间。设计实物保护系统的功能时需考虑保护接地、防雷接地、工作接地的配置方式，确定是否共用接地网，并规定接地电阻最小值。

10. 实保中心

如需要设置实保中心，应设计满足六面坚固，并具有指挥、调度、监控等多种功能的建筑作为实物保护系统的控制中心，并且要在保护目标最高保护区域内且符合根据实物保护标准。

11. 实物保护响应

应当确定实物保护系统人员的配置情况、岗哨设置情况、主要机构及各个组成机构、管理制度的职责范围。

1.1.3.2 设计

对于分期建设的核设施，还应当考虑建设期、过渡期的实物保护措施，正对整个建设周期的不同阶段，设计实物保护系统在当前阶段的实施范围、与前后建造周期的接口关系以及当前实施过程中各个过渡时期的实物保护系统实施方案，从物防、技防、人防等各个方面确保核材料和核设施的安全。

应当具有以下特性：

1. 纵深防御

纵深防御是指实物保护系统应当设置多重实体屏障，并配备多层次和不同技术类型的探测手段。如：对于一座二级核设施，核设施应当划分为控制区、保护区，进行分区保护与管理，呈纵深布局，即保护区在控制区内。每一个安保区域都需设置必要的技防物防手段，入侵者必须层层突破各个安保区域，从而提升探测到入侵的可能性，并提高延迟时间，使得实物保护系统更加可靠。

2. 均衡防护

均衡防护是指同一保护区域各部分的安保防护水平应基本一致。即入侵者破坏目标或者盗窃核材料的过程中突破或破坏实物保护技防设备或实体屏障所花费的时间和代价基本相同，既没有可以利用的薄弱环节，也没有过分的防护造成不必要的花费。

1.1.3.3　分析评估

根据设计的基准威胁对系统进行评估，检查系统的有效性，判断是否满足目标，并且寻找薄弱环节进行加强。

有效性评估应采用一种受主管部门认可的分析方法，根据入侵目标、入侵者装备以及其他假设条件，对核设施的实物保护系统有效性进行分析。有效性评估的最终目的是给出实物保护系统成功阻止入侵者概率的结论，从而判断实物保护系统的设计是否满足要求，是否需要进行改进和升级。

1.2　铀浓缩工厂实物保护技术防范措施

1.2.1　入侵探测系统

1.2.1.1　入侵探测系统概述

入侵探测系统是通过探测手段探测及阻止非法进入或试图非法进入设防区域的行为，可以处理报警信息并发出报警信息的系统。

入侵探测器是用来探测入侵者的移动或其他动作的电子及机械部件所组成的装置。包括主动红外入侵探测器、被动红外入侵探测器、微波入侵探测器、震动电（光）缆入侵探测器、张力报警、静电场、雷达等。

装置中执行这种任务的部件称为探测器或传感器，每一种入侵探测器都具有在安保区域内探测出入人员存在的功能。

入侵探测器应仅仅对入侵人员的活动响应，而不响应小动物如猫、狗等的活动，也不会因为室内/室外环境的变化，如温度、湿度的变化及风与声音和震动等发生误报信息。为降低误报率在每种环境下选用何种探测措施，需综合考虑。对报警器的选择也要考虑它对无关因素的不作响应，同时有良好的信号传输，设备安装的具体位置在不违背设计原则的情况下最好征求使用单位建议。

各种探测器有各自不同的工作原理，也各有优缺点。要使探测器在任何场合都能有效的发挥作用，就应该进行选择、精心安装，安装时应尽可能考虑对探测器的保护措施以及运行维护可达性。

1.2.1.2 入侵探测系统构成及传输方式

1. 系统构成

入侵报警系统通常由探测设备、传输设备、报警控制处理设备、显示记录设备（通常显示记录设备属于集成安保管理与控制系统）及电源组成。

2. 传输方式

（1）分线制：探测设备与报警控制主机之间采用一对一专线连接。在防区较少，并且探测设备与报警控制主机间的距离小于 100 m 时，宜选用分线制的连接方式。

（2）总线制：探测设备的与报警控制主机之间采用报警总线连接。在防区数量较多、探测设备与报警控制主机的距离较远并且设备种类及数量也较多时，宜采用总线制的连接方式。

1.2.1.3 入侵探测系统设计要求

入侵探测系统含有多个子系统，各子系统独立运行，其中任何一个系统发生故障不会影响其他系统的正常运行。入侵探测系统设计有 4 项主要要求：

1. 系统设置

（1）根据被保护对象风险等级设置入侵探测系统：控制区周界不强制要求设置入侵探测系统；保护区周界应设置两种入侵探测系统；要害区周界应至少设置两种入侵探测系统。

（2）核设施保护区周界所选用的两种入侵探测系统划分防区应相互对应。

（3）核设施周界入侵探测系统的各探测防区长度应相互匹配，并与周界视频监控区相对应。

（4）探测区域应尽量远离人员及车辆要道。

（5）周界入侵探测系统探测区域不应有盲区。

（6）保护区双层围栏内部所选用的入侵探测系统应为立体式探测，探测宽度及高度应与周界围栏的宽度与高度相匹配。

（7）保护区及要害区出入口，穿越保护区或要害区围栏的沟渠、管道、管廊等处均应设置入侵系统。

（8）探测器交叉覆盖时，应避免相互干扰。

（9）入侵探测系统探测设备在任何位置，其探测区域的底部与地面的距离不应大于 15 cm。

2. 线缆选型

系统应根据传输方式、传输距离、系统安全性、电磁兼容性等要求选择传输线缆。线缆选型应符合现行国家标准 GB 50348《安全防防工程技术规范》。

（1）当系统采用分线制时，宜采用不少于 5 芯的通信电缆，每芯截面不宜小于 0.5 mm^2，总线长度不宜超过 1 200 m。

（2）当系统采用总线制时，总线电缆宜采用不少于 6 芯的通信电缆，每芯电缆不宜小于 1.0 mm^2。

（3）当现场与监控中心距离较远或电磁环境较恶劣时，通常选用光缆。

3. 系统布线

（1）室内布线

室内线路应优先采用金属管或金属线槽内敷设，也可采用硬质熟料管敷设。竖井、线槽或桥架内敷设时，应在弱电隔板内敷设。如受条件限制，也应将强弱电线缆物理隔离。

（2）室外布线

室外布线应在套管内或电缆沟内敷设，电缆沟内敷设时，强弱电线缆应分别敷设在电缆沟两侧。

4. 系统接口

（1）周界入侵探测系统应与集成安保管理与控制系统留有接口，各类入侵探测系统相应的状态型号接入到集成安保管理与控制系统，向集成安保管理与控制系统提供报警等信息。

（2）入侵探测系统应与视频监控系统留有接口，可以联动视频调出相应的摄像机图像完成视频复核过程，并可进行实时录像。

1.2.1.4　入侵探测技术分类及特点

周界入侵探测系统是实物保护系统的一个重要组成部分，是整个实物保护技防系统的外围系统。对于外界非法入侵的防范，首先始于周界入侵探测报警系统，它是防止外界入侵的关键所在。建立给系统的最终目标是能尽早的探知外界入侵，为响应力量赢得更多的响应时间。它的设计和安装直接影响到整个实物保护系统的有效性，关系到保护目标的安全性。

1. 入侵探测技术分类

不同的探测方式，具有不同的实用性和性价比，目前作为入侵探测的传感器，从探测方式上主要有以下几大类：

（1）接触式入侵探测设备，如：震动电缆、震动光缆、张力探测器、高压脉冲电网等。这类设备的共同特点是能够沿地形敷设，与实体围栏（或围墙）相结合，通过探测入侵者攀爬围栏使围栏产生震动（或变形）而触发报警。

（2）非接触式入侵探测设备，如：微波对射、多普勒、远距离被动式红外、泄漏电缆、视频移动报警、静电场，雷达等，这类设备为三维立体探测，不依赖其他物防设施，只要入侵者进入探测区域不触碰就能发出报警。

（3）主动红外线对射探测器、激光对射探测器等设备不属于三维立体探测，不碰触探测设备，只有入侵者遮挡光栅就会发出警报。

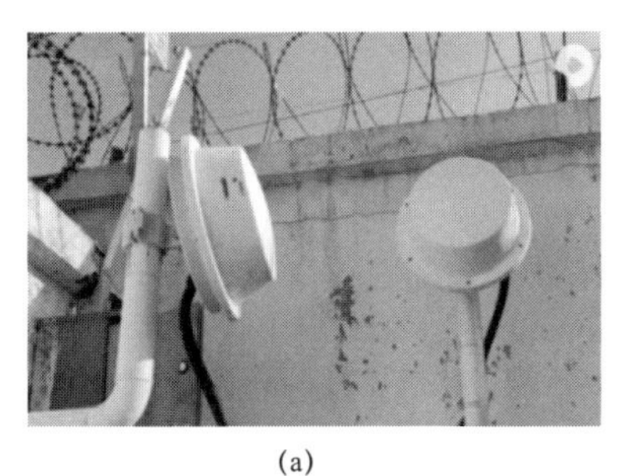

(a)

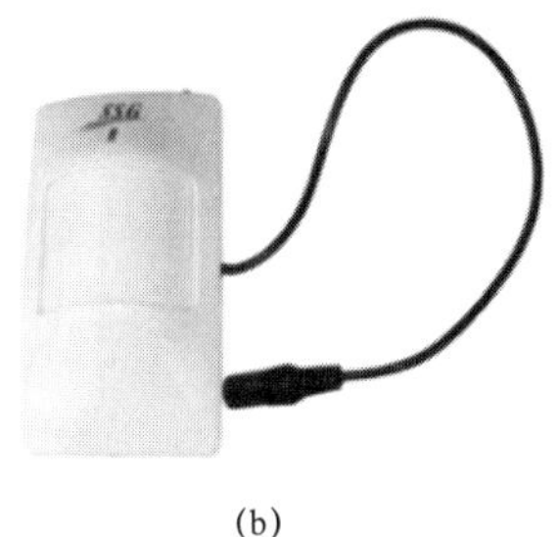

(b)

(c)

图 1-5　入侵探测器

（a）微波探测器；（b）被动红外探测器；（c）震动电缆

(d)

(e)

图 1-5 入侵探测器（续）

（d）主动红外对射探测器；（e）张力探测器

在一些重要的区域，为了非法的入侵和各种破坏活动，传统的防范措施是在这些区域的外围周界处设置一些（如铁栅栏、围墙、钢丝篱笆网）屏障或阻挡物，安排人员加强巡逻。在目前犯罪分子利用先进的技术，犯罪手段更加复杂化、智能化的情况下，传统的防范手段已难以适应要害部门、重点单位安全保卫工作的需要。人力防范往往受时间、地域、人员素质和精力等因素的影响，亦难免出现漏洞和失误。因此，安装应用先进的周界入侵探测报警系统就成为一种必要的措施，一旦发现入侵者，周界入侵探测报警系统可立即发出报警，它似一道看不见的“电子围墙”忠诚守卫着要害目标。

室外入侵探测主要手段：主/被动红外入侵探测器、微波入侵探测器、震动入侵探测器、张力探测器、静电场、雷达等。

室内入侵探测主要手段：红外对射探测器、被动红外探测器、微波探测器、多普勒探测器等。

各探测器有他的优点和缺点，使用时要更具实际情况选择，常见的探测系统包括以下几类：

2. 常用入侵探测系统技术特点

（1）微波探测系统

传统的探测系统，应用的比较广泛，在国内外很多厂址均选用微波探测系统作为周界探测报警的其中一种手段。微波探测器采用电磁能量场探测方式，属于非接触式、线性可见型报警探测器。实物保护系统围栏内部探测高度不小于 2.5 m，通常情况下收发分置的微波探测器的安装高度为 0.8 m 左右，由此导致收发分置的微波探测器下侧有部分盲区，根据不同产品的情况，收发分置的微波探测器需叠加设置，以防止下部盲区。此外，在各个拐角及起始端的探测区域设置的探测系统无法利用叠加的方式覆盖盲区需要考虑增加其他探测手段来弥补下部盲区。微波探测系统更具不同产品的性能要求，其探测区域可设置为 100 m 以内的任何长度，但最小不得小于产品要求。微波探测系统通常与另外一种探测系统设置在保护区，两种探测系统的相互配合，在有人员入侵的情况下，同一区域的两种探测手段均会报警相互验证。

微波探测系统要求探测区域内地势平坦，无障碍物，无移动物体以及不得有积水或融化的雪水，在风中产生波动的情况下不会造成燥扰报警；需要定期校准，中心线的偏移会影响其探测效果；穿透能力强，不受雨雾风沙等恶劣条件影响，能够稳定可靠地工作；具有高探测概率、高探测范围、高可靠性、全天候工作的特点。

（2）张力探测系统

目前在国内外应用广泛并探测稳定的一种探测手段。张力探测器系统是地形跟踪、平面式的探测系统。它是一种结合物理张力铁丝和入侵探测系统组成的网络，可根据地形适合情况进行设计和安装。系统有很高的报警灵敏度和探测能力，以及很低的误报率。张力探测器系统对于环境要求相对较低。张力铁丝探测系统是有按一定张力平行拉紧的钢丝及立柱网组成，探测器用信号导线与系统的控制中心连接。当有入侵时，起作用力使现保持的平衡被破坏会有一个位移变化各探测器。无论攀爬、切断、拉起均可引发报警并经过探测器通知系统控制中心。

张力探测系统是由张力围栏、张力处理器、探测器等组成；探测效果不受环境及地理位置的限制；安装方便，维修便捷；通常被放置在双层围栏内网上，起到复核探测的作用；张力探测系统类似一种周界围栏，可以在视觉上起到一定的阻碍作用，但由于张力线为细钢丝，破坏起来相对容易，故此无法将其视为一种屏障单独使用；防区划定需要与另外一种探测手段相配合，并联动视频控制系统，一旦有人入侵可以提供有效地报警信息。

（3）红外探测系统是视线式的探测系统

红外探测系统主要分为两种：主动红外探测系统和被动红外探测系统。红外探测器发送红外线脉冲到接收器，同时使用一根电缆发送同步信号到接收器。接收器只有在接收到同步信号时才会接受红外线波束，接受器并不接受可见光和没经过调制的不断光束，使其能有效避免太阳光的干扰。

红外对射探测器通常设置在各个出入口，避免形成周界探测盲区；收发装置之间不能有任何障碍物；雾、雨、雪及沙尘暴等恶劣天气对红外探测器有衰减或弥散影响。因此红外探测系统通常被用做辅助探测系统；被动红外探测器通常设置在综合管廊内部，以及人员可穿越的电缆沟内部，防止探测周界出现薄弱点及盲区，被动红外探测器可吸顶或侧壁支架安装。

（4）震动电（光）缆探测系统

震动电（光）缆属于接触式、依地形探测系统，通过感受人员翻越围栏、破坏实体屏障产生的震动，检测由此引起的电脉冲波形或光折射变化量，触发报警。包括震动感知（颤动）、音频感知以及光纤感知。目前震动电缆探测系统已经可以进行精准定位。探测原理是处理器发送一个脉冲信号给震动电缆，当有入侵者进入探测区域，发送的脉冲信号将被破坏，通过软件进行分析，发出报警信号。

震动电光缆探测系统可附着在围栏上进行探测；目前产品中均可精准定位；根据围栏长度任意划分震动电光缆探测系统的探测区域长度，并随时可以更改，实现起来非常方便；目前各产品已可利用各种处理技术将反馈信号进行判断及识别，可排除下雨、刮风等原因引起的震动；安装方便、维护简单；可以消减部分区域的误报或者由于围栏等因素引起的报警。

（5）雷达探测系统

雷达探测系统以往用于军用较多，属于非接触式主动型防御系统。可以按照任意形状周界轮廓铺设，对设置周界的地面活动目标有效探测，实现无工作盲点的全天候周界入侵探测警戒。360° 全方位扫描，24 h 全天候探测。通过软件自动识别车辆和人员，并可自动过滤掉干扰性移动物。

雷达探测系统能探测到所有的移动物体；安装灵活，可地面安装或架高安装；不依赖物理围栏及电磁周界；不受地形、光照及气候条件影响；可根据已有的摄像机安装位置，进行雷达的兼容安装；可移动部署，较适用于临时屏障处的防护，拆卸方便。

3. 其他入侵探测系统技术特点

（1）静电场探测系统

静电场探测系统是一种相对新型的探测手段，有其独有优势。静电场探测系统也是一种地形跟踪、立体式探测系统。它由一组平行的 4 根传感器线组成，这些传感线有一部分与交流电相接，通过电容的相互连接，相当一部分电量将充满所有的传感线中，只要电场受到破坏，它们就会形成特定的图案，由微电脑处理这些电流图，判断它们是否由飞鸟停留、雨、悬结的冰柱或是人引起的。

静电场探测系统不受风、雨、雪、雾等气象条件的影响，并且该系统在各种极端气候条件下（如沙漠气候、盐类雨水冲淋等）均可以应用，并能保证其相应的可考性及有效性；探测区域不可见，故安装在双层围栏内部，确保人员误闯入其区域会引起报警，对于双层围栏间地面条件要求相对较低，其要求为地面平坦，视野清晰，没有障碍物遮挡；不受地形影响，在陡坡及山上均可安装，但要求电场线与感应线应尽量保持与地面平行，即任何两根相邻支柱之间的地面须由均匀的梯度；不需要依附围栏，可独立安装，并安装在双层围栏中心线附近，以避免围栏晃动造成的噪扰报警，同时也避免入侵者利用围栏爬梯等工具从探测带上方跳过去的可能性。防区长度为≤100 m，如防区中间遇到拐角，可轻松实现转弯；安装虽然相对复杂，但维修方便；探测范围可根据实际情况进行调整。

（2）格栅探测系统

格栅探测系统是利用光纤放置在栅栏内进行探测。入侵者企图进入水管时切断栅栏必然会使得光纤折断。当有光纤中的光信号被截断时，系统将产生报警。通过光电转换，再通过探测器信号处理器即可产生触电式报警信号。专用于保护水管、窗户、沟渠等类似的缺口。栅栏探测系统栅栏有物理隔离的效果，起到一点的阻拦作用。

格栅探测系统可以探测雨水井等管道中；是一个几乎不需要维护的探测系统，尺寸根据雨水井的内部结构设置。但由于安装位置的特殊性，需要考虑排水管维护，建议在安装探测器的雨水井中设置一个安装检修孔，可便于维护；处理器距离探测栅栏不得超过 15 m。

（3）泄露电缆探测系统

泄露电缆探测系统通常由两根平行浅埋地表下的专用泄露电缆和探测主机组成。安全隐蔽，可按任意形状周界轮廓铺设，对设置周界的地面和地下活动目标有效探测，实现无工作盲点的全天候周界入侵探测报警。泄露电缆探测系统为电磁场探测原理，当入侵者进入两根电缆形成的感应区内时这部分电磁能量受到扰动，引起接收信号的变化，当入侵信号经处理后被检测出来，探测器推动报警指示灯点亮，并产生报警信号。

泄露电缆敷设要求两根电缆平行安装，两根电缆间距离通常为 1 m；前端探测范围较宽，但尾端探测范围有所减少，故此泄露电缆通常前端掩埋深度比尾端更深；探测高度基本在 1.5 m 左右；可随地形，是一种无形探测手段；但要避开较大水流区域，如河流、山体侧面泄洪道、积水地带及建筑物周边的上、下水管道排水沟渠等。

1.2.1.5　入侵探测系统选型参考

1）规则的无遮挡的外周界可选用微波对射探测器、静电场探测器、泄露电缆探测器雷达探测器等。

2）附着核设施周界围栏可选用张力铁丝探测器、震动电缆探测器、震动光缆探测器等。

3）无围墙/栏的外周界或各区域出入口可选用红外对射探测器、收发合置微波探测器、被动红外探测器等。

4）各穿越区域的沟渠、管道等处可选用栅栏式探测器、被动红外探测器等。

5）室内出入口可选用红外对射探测器、被动红外探测器、微波和被动红外复合入侵探测器等。

6）临时围墙/栏处如需入侵报警系统，可选用方便移动及拆卸的设备，如雷达探测器、红外对射探测器等。

7）潮湿多雨大雾的气候可选用静电场探测器、张力铁丝探测器、震动光缆、泄露电缆、雷达探测器等。

8）设置区域如风力较大可选用张力铁丝探测器、静电场探测器、微波探测器、雷达探测器等。

9）设置区域如地势高低不平可选用张力铁丝探测器、静电场探测器、震动光缆探测器、泄露电缆、雷达探测器等。

1.2.2　出入口控制系统

1.2.2.1　出入口控制系统的基本要求

1）出入口控制系统的设计应考虑出入口通道控制的可靠性措施，可采用计算机模块化结构。出入口控制系统数据库的容量金额服务器处理能力应能满足整个设施出入口控制管理的要求。硬件和软件设计应考虑运行的可靠性、可操作性、可扩容性、易维护性和通行流量需求。

2）出入口控制系统应能实现控制区、保护区、要害区逐级顺序进出的逻辑控制，具有防胁迫、防返传及防尾随功能，并能实现对访客的全程陪访功能。

3）应对出入口控制系统控制设备和执行部分之间的传输线路采取保护措施，并应将其设置在该出入口的对应受控区、同级别受控区或更高级级别受控区内。当出入口控制系统执行部分的传输线路布置在该出入口的对应受控区、同级别受控区或更高级级别受控区时，应采用封闭保护措施。

4）出入口控制系统应采用实物保护系统集中供电方式，并应配备可靠地备用电源。当系统工作电源失效时，出入口控制系统数据库信息不应丢失。

5）应定期对出入口控制系统进行性能测试，发现问题及时维修。需要进行性能测试的设备包括：读卡机控制器及其相关设备、金属探测器、X 射线检套设备、三交叉门、旋转闸门、液压路障及执勤警卫的防胁迫报警等。

1.2.2.2 出入口控制系统的主要功能

一个完整的出入口的基本功能主要包括：提供有效屏障、满足人员和车辆通行、安全检查、报警和通信、分区分级控制、记录人员和车辆出入信息。其中，出入口控制系统主要负责安全检查、警和通信、分区分级控制、记录人员和车辆出入信息。具体功能如下：

1）对通道进出权限的管理：系统可针对不同的受控人员，设置不同的区域活动权限，将人员的活动范围限制在与权限相对应的区域内，对人员出入情况进行实时记录管理。

2）实时监控功能：系统管理人员可以通过中心管理电脑实时查看每个区域人员的进出情况、每个区域的状态（包括门的开关，各种非正常状态报警等），紧急状态时可在监控机房打开或关闭所有的门。

3）联动功能：系统能够通过接口与视频监控系统、入侵探测报警系统等其他实物保护子系统进行联动。

4）数据查询功能：系统能够针对数据内的所有数据，按要求进行数据查询和统计。

5）异常报警功能：在一场情况下可以在监控机房实现危机报警或报警器报警如非法入侵、门超时未关等。报警类别包括：无效报警、超时报警、防拆报警、强开报警、故障报警、非法报警、胁迫报警等。

6）时间管理功能：系统可以对授权出入该通道的人员进行出入时间段的设定，包括节假日管理。

7）三防功能：应具有防返传、防胁迫、防尾随功能。

8）访客及陪访功能：能通过预约、实时输入、证件扫描等途径进行访客办理，根据访客拜访需求设置授权通行区域。这类人员无法独立自由出入，陪访人员必须读自己的卡，才可使外来人员的卡同时使用进出。

9）电子地图功能：各受控门灯操作对象均以图标的形式表示在地图的相应位置，各种对象的静态属性应能以电子标签的方式在选中时自动显示，这些静态属性至少应包括对象的位置、标号编号、状态等。

10）报表功能：用户可以自己定制报表，可针对不同要求导出和打印不同内容、不同条件的信息报表。

1.2.2.3 人员出入口控制系统的机房措施

人员出入口控制系统的技防措施一般可以分两类：第一类为身份验证相关设备，主要包括门禁系统及其联动的门；第二类为违禁品和核材料检查设备。

门禁系统包括卡式门控系统、制卡系统、生物特征识别系统。卡式门控系统主要设备包括：各种类型的读卡器、门禁模块、门禁控制器、电源模块、电磁锁、服务站、工作站。读卡门禁模块、门禁控制器和电源模块等主要分布在现场各处或主设备间内，以总线方式连接并与系统主机通信，控制器可脱离主机独立运行，并记录、储存历史资料。控制器能够独立处理所有事件，即使在失去主机的通信时，仍能够保证系统功能的完整性。制卡系统由制卡服务数据库、工作站、卡片打印机、数码及网络相机、生物特征识别设备（如虹膜识别仪）、扫描仪和网络交换机等设备组成。该系统主要设置在控制区出入口处的证件管理室内，用于制作、更换工作人员及临时出入人员的出入卡。生物特征识别系统一般采用虹膜识别系统，优点是准确率高，防伪性好，随着技术发展，其他生物特征识别技术也在迅速成熟起来，如指纹识别、掌纹识别、面部识别。如某铀浓缩工厂出入口采用人脸识别技术替代卡，从使用情况看解决了职工证件丢失对核设施带来的风险。

门禁系统主要完成厂区内各区域的人员出入控制功能；另外，在应急情况下，系统还能对控制区、保护区及要害区的工作人员进行人员清点。门禁系统需具有多种管理功能，高度智能化，灵活性强，易于操作，用户一卡在手可以方便的出入被授权的区域，满足铀浓缩工厂的管理需要。

人员出入口系统联动的门主要包括三角叉门、双旋门、应急门以及普通门。按照相关导则法规的要求，控制区人员出入通常使用三角叉或等效的门，保护区和要害区人员出入口通常使用旋转门或等效的门。应急门一般与三角叉门和旋转门设置在一起，作为应急情况下人员通道释放的应急手段。

违禁品和核材料检查主要有：X 光物品检测设备、金属检测门和手持式金属检测仪、手持式爆炸物检测仪以及辐射检测仪等设备，对人员私自携带的违禁品和核材料进行检测，确保各种违禁品不被夹带进管辖区域，核材料不被夹带出管辖区域。

1.2.2.4　车辆出入口控制系统的技防措施

车辆出入口的控制主要也是由门禁系统完成的。车辆出入空需联动的设备包括：电动伸缩门、电动平移门、液压路障机、车辆指示灯等。车辆出入口的主要用途为验证该车辆为授权允许进入车辆，并形成一个区域，能让保安人员对车辆进行违禁品和核材料检查。

一般控制区的检查流程如下：当车辆行至控制区车辆出入口时，车上所有人员必须下车通过人员通道处的三角叉门进入控制区，司机首先需在车辆读卡器上刷卡验证，警卫人员对车辆检查无误后才能开启电动伸缩门或电动平移门，使得该车辆能进入控制区。

保护区的检查要求要严于控制区，根据相关导则法规的要求，“保护区车辆主出入口应单独设置，除满足一般出入口的要求外，还需配备读卡器等出入控制设备，通常采用双重门结构，两道门之间是车辆安全检查区，用于检测车辆是否载有违禁品和核材料。”检查区内设置防冲撞装置。两道门不能同时开放，每次开门只容许一辆车出入。该出入口通常为关闭状态，只有当车载物品安全检查合格，驾驶员通过出入授权检查后，访客暂时开启，允许车辆出入。

一般保护区的检查流程如下：在保护区车辆出入口的内侧和外侧分别设置车辆读卡器。待车上所有人员下车前往人员出入口后，司机在车辆读卡器上读卡，警卫人员通过指示灯验证其刷卡有效后手动打开第一道电动门，使车辆进入检查区域，车辆进入后第一道电动门自动关闭。车辆检查完毕后，警卫人员手动放下电动液压路障，并打开第二道电动门，待车辆驶离后自动关闭第二道门，液压路障自动抬起。

车辆出入口的违禁品和核材料检查设备主要有：车辆敷设检测器、手持式金属检测仪、手持式爆炸物检测仪等。

1.2.2.5　辅助人员和车辆出入口的技防措施

核设施除主要人员和车辆出入口外，一般都会设置一些辅助的人员和车辆出入口，作为应急和临时的出入口。这些辅助出入口平时保持关闭，只有在需要的情况下才会启用。其延迟能力应与邻接地实体屏障相一致，控制区应设置闭路电视监控系统保护区应安装入侵探测装置、门磁报警装置和闭路电视监控系统，出入受到严格控制。

1.2.3 视频监控系统

1.2.3.1 系统概述

核设施实物保护视频监控系统是利用视频技术进行报警复核、出入口控制、重要部位监控，并能有效显示、记录现场图像的视频电子信息系统或网络。通过监视和报警复核，评估报警原因，判断是否存在威胁，有利于作出正确反应，确保核设施安全。

视频监控系统是食物保护系统的重要组成部分，只有经过复核的报警才可确认是真正的报警，因此，系统的主要目的是防止非法入侵，监视各安保区域的出入口、周界及重要部位。一方面系统起到对不法分子的威慑作用，防患于未然；另一方面在出警以外或报警时，安保人员能通过系统迅速了解现场情况，并对现场的报警信号进行复核，采取有效的措施。同时系统能存储现场图像，为有关部门提供现场证据，并能方便的进行多种查询，为保障核设施的安全起到应有的作用。

视频监控系统一般应具有以下几个特性。

1. 协调性

视频监控系统是核设施实物保护系统的重要的组成部分，该系统的设计及其设备选型应与核设施实物保护系统探测、延迟、响应的总体设计要求协调一致。由于核材料和核设施具有放射性且风险等级较高，因此，要求视频监控系统设备性能高，各种设备相互兼容和协调配套性好。当发生入侵报警时，能确保及时探测和有效复核。

2. 安全性

视频监控系统应具有安全、稳定、抗干扰、保密性好、物理防拆和防篡改等性能，确保人身安全、系统安全和信息安全。

3. 可靠性

视频监控系统的可靠性是指系统或设备在规定时间内在现场使用环境条件下完成规定功能的能力，通常采用平均无故障时间作为衡量系统或设备可靠性的技术指标。核设施视频监控系统要求安全可靠、持久连续运行。

4. 兼容性和可扩展性

视频监控系统应能与入侵报警系统、出入口控制系统等联动，各系统和设备之间互相兼容。系统兼容性应为系统增容和（或）改造升级留有余地，应留有通信接口和备用的数据输入及输出接口，满足系统可扩展性要求。系统可扩展性应满足系统简单扩容和集成的要求。

5. 环境适应性

视频监控系统应满足现场使用环境（室内外温度、湿度、腐蚀性气体、大气压等）、建筑物分布格局、地形地貌、气候情况（风、雨、雪、雾来电等）、干扰源环境（声、光、热、震动和电磁辐射等）的要求，应是环境影响最小化，确保全天 24 h 正常运行。

视频监控系统包括前端设备、传输设备、处理和控制设备显示和记录设备四个部分。按照传输信号模式的不同，系统可分为模拟系统（模拟—数字混合系统）和数字网络系统。

1.2.3.2　技术分类

1. 模拟视频监控

模拟监控系统，是指基于模拟摄像机、模拟视频信号传输以及模拟视频矩阵切换控制设备的监控系统，其主要设备包括模拟摄像机、远距离传输设备、视频矩阵切换控制设备、视频分配器、控制键盘、模拟录像机、监视器（组）等。随着数字视频存储技术的发展，尤其是在大规模视频监控系统中，模拟录像机已被数字硬盘录像机，以及视频编码器+网络视频存储设备模式所取代，即模拟—数字混合监控系统。

纯模拟监控系统视频信号的采集、传输、存储均为模拟形式，经过几十年的发展，相应技术成熟。但也存在着一些明显不足，传输距离有限、范围有限；不便于进行远程管理、访问；系统增扩容难度大，成本高；系统管理维护较为复杂；与其他实物保护子系统联动接线较为烦琐。

模拟—数字混合系统解决上述一些不足，系统的显著优势在于从分发挥了技术计算机技术的功能，为用户提供了更人性化的浏览、管理方式。在很多方面解决了模拟矩阵技术无法解决的难题，是纯模拟技术的延伸。其系统特点主要有视频信号的采集、存数为数字形式，质量较高；存储的数字化，大大提高用户对录像信息的处理及查询能力；向下兼容，可实现对第一代模拟监控产品的升级改造；硬盘录像系统功能的网络化及光端机的出现解决了视频图像远距离传输问题，使人们对远距离大范围监控以及视频资源共享的迫切需求得到了满足；嵌入式硬盘录像系统的出现为用户提供了更高的可靠性、更简易的安装；其优势使其得到广泛应用。

模拟—数字混合监控系统仍受纯模拟监控的影响，从监控点到中心为模拟方式传输，需铺设电缆或光缆，系统越大建设成本越高，不宜维护且维护费用较大；单机容量有限，在大型系统中不适用于集中录像，录像文件的统一管理不便；硬盘录像系统网络化功能有限，大范围应用管理、维护复杂。

模拟—数字混合监控系统由于其技术发展成熟，延时低可靠性高，产品线丰富，是当前应用于实物保护系统的主要技术之一。

2. 数字网络视频监控

数字网络监控系统，是指基于数字网络摄像机、TCP/IP 网络传输视频信号以及交换机设备组成的局域网监控系统，其主要设备包括数字网络摄像机（或模拟摄像机+编码器）、远距离传输设备、各级交换机、数字解码控制设备、视频服务器、工作站、网络视频存储设备、监视器（组）等。

数字网络视频监控系统从前端图像采集、传输即为数字信号，并以网络为传输媒介，实现视频在网上的传输，并通过设在网上相应的功能控制主机来实现对整个监控系统的浏览、控制于存储。

数字网络视频监控系统的特点有：堆叠式的结构，高度的灵活性、可扩性，支持任意网络拓扑结构；更加经济高效的基础架构，简化了管理层次，节省了线材；安装维护便捷、解决方案多样；视频的无损交换、复制与存储，无距离限制，网达即达；充分利用已有成熟 TCP/IP 网络技术，接入方式多样；便于和其他事物保护自系统集成，可被集成管理平台软件充分控制。

正是由于数字网络视频产品的诸多优势所在，近几年数字网络视频产品得到了极快的发展，在各领域得到了大范围的推广应用，并在慢慢替代传统视频产品。但是由于数字网络视频产品的一些缺陷，如图像延时，系统运行过分依赖网络环境及软件平台效率、安全性存在隐患，因此在一些重要的场合数字网络技术的推广还需踏步稳实进行。

3. 技术对比

模拟监控系统和数字监控系统由于处理的视频信号源不同、使用的设备不同、系统的结构不同，因此在当前的技术条件和光纤传输的前提下都具有各自优势与缺点。

（1）图像质量的比较

模拟摄像机对应水平 480 P～520 P 清晰度，现在较新的高清技术可以做到 700 P 清晰度，与之相比，数字摄像机清晰度优势较为明显，720 P 与 1 080 P 清晰度已广泛应用于视频监控系统项目中，更高清晰度的数字摄像机也逐步开始得到应用，在有更高清晰度要求的应用中，数字摄像机的特点更是无法替代。

（2）可靠性的比较

模拟监控系统中的各种设备都是经过了多年的发展、改进、完善，技术成熟、工艺严谨、维护容易，产品质量能够得到保障。而数字视频技术毕竟是发展阶段的新技术，其产品的发展、完善还需要经历一段时间。

（3）延迟的比较

这里提到的延迟包括控制信号的延迟和图像信号的延迟。对已模拟系统来讲，有控制设备产生的图像和控制延迟微乎其微，一般都是毫秒级，是用户通过主观基本无法察觉的，产生大的延迟一般都出现在传输介质和传输设备上，在充分改良传输链路后，一般的模拟系统不会出现较大的延迟。数字化系统的延迟就不容易被忽略，从系统结构上看可能传输的方式与模拟系统选择的相同，但数字网络化控制系统需要依赖数据数据网络，网络设备固有的延迟会累加到数字胡监控系统中。

（4）系统稳定性的比较

模拟监控系统的功能一般都是由硬件设备和内嵌的软件程序来实现的，可靠性强，而且已经按照功能模块化，一旦某项功能模块故障或损坏只影响其中的某项功能，而不会使整个系统瘫痪。而数字系统的功能绝大多数都是由管理平台的软件提供，一旦设备瘫痪或软件故障将使整个系统功能瘫痪，计算机系统固有的一些缺陷往往影响到软件的运行。

（5）操作界面的比较

模拟控制系统的操作界面一般是专用控制键盘，以各种功能键、热键或其他组合来完成常规的操作和编程。数字化系统是建立在计算机技术上的，因此操作界面更为直观、友好，操作更为简便。

（6）系统的保密性比较

从理论上说模拟监控系统是一个专线专用的封闭型系统，模拟视频信号在这个封闭的系统中运行是不会遭到破坏或盗窃的，因此安全性、保密性更强。数字监控系统是一个基于网络的系统，使用功能基本都是由软件来实现，因此被侵入的可能性更大，这也是整个网络安全性课题。因此相对而言数字网络系统保密性比模拟系统要差。

（7）与其他实物保护子系统的集成

模拟信号系统在集成方面远不如数字信号来的容易，原因就是当前的数字视频信号除了数字化压缩更便利于传输外，更重要的是已经转换为一种可以在 TCP/IP 网络传输的信号，如果所有其他实物保护子系统都按照基于 TCP/IP 网络传输实现了数字化控制，那么对各子系统的集成就变得便捷简单。

1.2.3.3　系统设置介绍

无论是模拟视频监控系统还是数字网络视频监控系统，其在失误保护系统中起到的作用和系统设置原则都是一样的，下面内容是对视频监控系统设置的介绍。

视频监控系统应能对核设施保护区和要害区周界、出入口、实保中心和其他重要部位进行实时有效地视频监控，具有现场图像信息的采集、传输、控制、显示、记录、存储和回放等功能。一般而言，需要设置摄像机的区域包括并不限于如下区域：各安保区域（控制区、保护区和要害区）的人员和车辆出入口、实保中心及其外墙、要害区周界、保护区周界双层围栏、核岛要害部位、核岛主要出入口、综合管廊（穿越保护区围栏的部分）、临时屏障等。

系统的前端摄像机部分包括摄像机、镜头、防护罩、支架、电动云台以及相接接口设备，其任务是对被摄体进行摄像并将信号转换成电信号传输控制中心。日夜转换摄像机主要用于对安保区域周界的监视，摄像机能自动进行黑白和彩色模式的转换，为实保中心提供高分辨率图像；彩色枪形摄像机主要用在出入口和室内的监视提供的彩色图像便于辨认人员的外貌特征。在对区域进行地面上监视或巡检时采用带电动云台的高清分辨率的一体化摄像机。由于该类摄像机的监控范围比较大，与固定摄像机能够做到很好的互补。设置在保护区主出入口车道用于监视车辆的摄像机需具备车牌识别功能。

视频监控系统的监控范围应完整，应能连续有效覆盖受保护区域，不存在盲区和死角。用于入侵报警以及门禁报警复核的摄像机视野应能有效覆盖探测区域。

监控系统传输部分主要采用光缆传输方式，系统传输部分主要包括光缆及相关接口设备，其任务就是把现场摄像机发出的图像信号传送至监控中心。系统的显示与记录部分把现场传来的图像信号再转换成图像，在监视设备上进行显示，数字化录像设备将图像存储下来。系统的控制部分则对所有设备进行控制，并对图像信号进行处理。前端摄像机的供电考虑就地供电的方式，由就地的电源箱引至各设备。

视频监控系统在实保中心设有视频主机，与系统工作站、视频服务器、控制键盘、监视器组等连接，并采用与集成安保控制与管理平台联网方式构成整个视频监控系统的核心。视频主机与集成安保控制与管理系统相连，通过报警联动可在监视器上调出相应的图像信号。

视频监控系统在现场布置的固定摄像机，对一些固定区域进行监视，主要设置带云台和变焦镜头的的一体化摄像机，平时采用巡检模式对预先设定的范围进行巡视，在处于巡检模式中，用户通过键盘对摄像机进行控制时，巡检模式会自动终止进入到手动控制状态。

报警信号应能联动监视报警区域的摄像机调整到相应的预置位，对报警现场的情况进行监视。系统前端的各种摄像机通过视频主机在后端监视器上进行不同分组的显示，并接受来自各个报警点以及出入口控制系统传来的报警信号，综合各个监视重点区域分布，最大限度地利用现场的摄像机对现场情况进行监视。视频监控系统与探测报警系统、出入口控制系统等进行联动，在报警型号发出的同时，及时的记录下现场报警的情况。平时系统对视频图像也进行录像，但采用减帧方式或压缩格式发生报警时采用实时录像方式，所有部位的连续监视图像保持时间应不少于 90 天，并具备防篡改功能。

系统需要具备视频信号丢失报警功能，即当接受到视频信号的峰值小于设定阈值时，系统给出报警信号的一种功能。

通过操作键盘直接调用任意一台或多台摄像机的图像输出，并能进行编程设置。另外，可以遥控前端带变焦镜头和全方位云台的摄像机上、下、左、右转动以及进行调整光圈、变倍、聚焦等功能的操作。系统设有键盘口令输入，可以设定多个操作密码，以区分不同的操作权限。

实保中心设有电视墙，一般包含监视器组和大屏幕显示器，大屏幕显示器可以实现分屏多画面显示，它能综合显示多方面信息和图像，并能清晰地显示现场的报警图像。

整个系统还设有网络监控服务器，利用可传输高清视频信号的通信接口将信号发送到集成安保控制与管理平台网络中，用户可以通过集成安保控制与管理平台的工作站浏览视频图像，同时由授权的用户还可以对前段摄像机进行控制和切换。

1.2.4　安保通讯系统

安保通信系统在实物保护系统中占有很重要的地位，因此需要配套一套高效率、可靠地安保通信系统。

1.2.4.1　安保通信系统的基本要求

（1）核设施内的安保保卫主管部实保中心和保卫值班室、警卫、岗哨、出入口和消防部门直接按应具备快捷、通畅的优先和无线通信手段。

（2）实保中心与本单位的安全保卫主管部门、地方公安部门等保持直接的、由专用通道的通信联系。

（3）巡逻人员应配备对讲或其他无线通工具。

（4）实保中心与保卫主管部门之间，与主控室之间应拥有两种以上双向通信手段，并且与保卫力量车公园之间保持双向通信。此外，保卫力量所有成员之间均应能够进行不间断的双向语音通信。

1.2.4.2　有线通信手段

安保通信系统的有线通信手段一般包括一套实物保护专用的安保调度电话以及和厂区共用的自动电话系统。自动电话系统作为整个厂区通信系统的一部分，将在整个厂区通信系统建设中统一考虑。

安保调度电话系统主要实现的功能有：多方通话、呼叫队列、选取通话、免提通话、双工通话、全呼/组呼、通话录音等。系统对线路具有实时监控，任何故障问题将会在调度室得到准确报告，有效防止和自然因素对线路破坏，保障系统可靠运行。本系统的主机设在实保中心内，其调度台设置在实保中心操作控制台上。其前端话机设置在各出入口、保安值班室/办公室、设备间、重要厂房、岗哨、主控制室、应急指挥中心、警卫营房、消防站、办证中心等处。根据前端不同的设备环境选择安装不同形式的话机。

1.2.4.3 无线通信手段

安保通信系统的无线通信手段可以使用无线对讲或与厂区的无线通信系统统一考虑使用。无线对讲系统需要向国家申请相应的频段和频道，专用通信频道不应少于 2 个。厂区无线通信系统作为整个厂区通信系统的一部分，可在整个厂区通信系统建设中统一考虑。

1.2.5 实物保护电气系统

实物保护电气系统是实物保护中重要的支持性系统，其保证了实物保护各个子系统能够正常工作、完成食物保护系统的完整功能。

在实物保护系统中，存在着种类繁多的用电设备。从各类入侵探测报警设备、人员通道设备，到各类磁场、摄像头、编码器等，都离不开实物保护电气系统的支持。因此，安全可靠的实物保护电气系统是非常重要的保障。

实物保护电气系统包含两个子系统：实物保护供配电系统和实物保护照明系统。

1.2.5.1 实物保护供配电系统

实物保护供配电系统又称实物保护电源系统，为实物保护入侵探测、出入口控制、视频监控、实物保护通讯、照明系统保证可靠供电。一级实物保护系统采用特别重要负荷的要求并且双路独立供电；二、三级实物保护系统采用特别重要负荷的要求并且一路主电源供电。

通常来说，实物保护系统电源引自厂区独立可靠的厂用电源，并且由柴油发电机组作为备用电源，柴油机电源可维持实物保护系统运作 8 h。当主电源失电时，系统能自动由 UPS 供电，UPS 供电时间为 1 h。电源应实现自动切换备用电源，不影响实物保护系统的正常运行和信息储存。

1.2.5.2 实物保护照明系统

实物保护照明系统为食物保护视频监控、周界入侵探测报警、也将按人员观察等功能提供了照度保障。在实保中心能对实物保护照明系统中的照明灯具进行手动或自动控制，手动控制纳入集成安保管理与控制系统。

实物保护照明系统由照明配电柜、灯杆和光源、光电传感器和照明控制盘等部件组成。在视频监视范围内，保护区和要害部位的夜间地面的平均照明度达到 20 lx，主出入口工作面照度不低于 150 lx，控制区地面不低于 10 lx。

围栏周界用的照明灯具应装于围栏内测的灯杆上，保护区、要害部位围栏周界用的照明灯具应配置双灯双回路供电。实物保护照明系统所提供的照度、均匀度、颜色等参数应设计为便于警卫人员的观察和视频监控系统的工作，灯具的布置消除便于入侵者藏匿的阴影部位。

1.3　实物保护物理防御系统

1.3.1　实体屏障

实物保护系统的延迟功能最主要的就是依靠实体屏障来实现，它也是整个系统物防部分的主要体现，所以实体屏障要完整可靠，各种屏障的选择要与整个系统的延迟时间大于反应时间的原则相一致。实体屏障可分为两种类型：围栏型和实体墙型。

1.3.1.1　实体墙

实体墙型屏障由专、石、混凝土、钢材或它们的混合物构成。在设计和建造中应注意不给入侵者提供藏匿或隐蔽的场所。作为防护屏障，其砖墙厚度不小于 24 cm 有效高度不低于 2.5 m 屏障顶部安装刺网。

1.3.1.2　围栏

围栏型屏障由高强度、耐腐蚀钢丝制成。钢丝直径不小于 3 mm，栅栏每边边长不大于 6 cm 或面积不大于 12.9 cm^2。或选用扁长型围栏钢丝直径不小于 0.3 cm。

1.3.2　出入口屏障

1.3.2.1　人员通道屏障

人员出入口一般为一个视独立建筑或者简化为一个室外构筑物，人员出入口需与周界围栏无缝衔接，其实体屏障一般为墙体、栅栏、围栏以及各种门体。室内型的人员通道一般使用墙体围城一个可封闭的空间，墙体应为实心，厚度不小于 240 mm 通道中间设置三角叉门、旋转门、应急门等，这些门体应与墙体连成封闭的周界，门体之间的缝隙需用栅栏或其他等效的障碍物封闭。栅栏一般使用不锈钢材料构成。各种门体与围栏需无缝连接，在门体上方或雨棚上方需设置防攀爬措施。

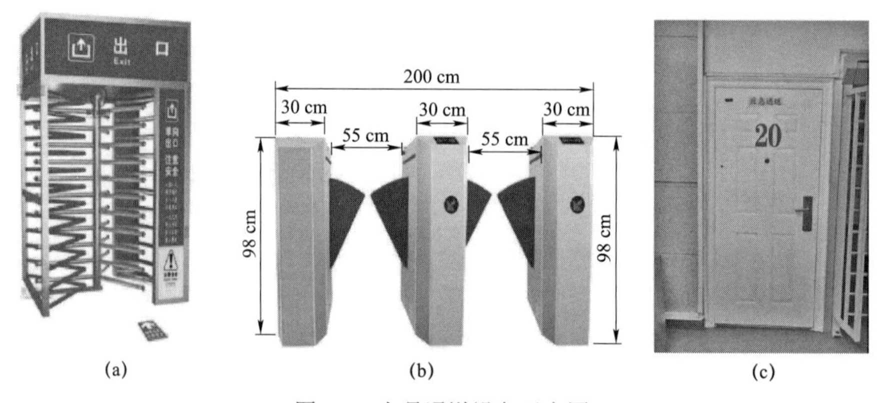

(a)　(b)　(c)

图 1-6　人员通道设备示意图

（a）旋转门；（b）闪翼通道；（c）应急通道

1.3.2.2　车辆通道屏障

车俩通道屏障一般由门体、栅栏、顶棚和墙体围城一个封闭的空间。控制区车辆通道屏障为单层；保护区车辆通道为双层，中间形成一个封闭的检查区域。车辆通道的实体屏障的保护水平和延迟能力不应低于邻近的实体屏障。保护区车辆通道应设置防冲撞装置，两道门不能同时开放，每次开门只容许一辆车出入。

1.3.3　实保中心

实保中心作为整个实物保护系统的中枢，需要采用最高级别的措施进行保护。实物保护系统所有的信号和报警都需要在这里汇总，控制和联动指令都需在这里发生，所有良好的技防环境和人因操作环境也是设计过程中必不可少的考虑因素。

1.3.3.1　建造要求

1. 设在保护区内，墙、门、顶板应六面具备均衡的延迟能力，窗上应安装钢筋护栏；

2. 出入口大门具备甲级门的防护水平并且具备防火要求且门向外开启；

3. 室内装修应采用阻燃材料，地板应使用防静电地面；出入口有门禁系统，门外应安装摄像机和门磁报警器。

1.3.3.2　主要设备

1. 计算机主机系统及响应的控制台和显示面板；

2. 报警灯光及声响装置以及其他技防设备；

3. 胁迫报警和紧急呼救装置主机；

4. 有线通信和无线通信装置主机；

5. 电源、照明状态显示装置、电源切换装置及备用电源。

1.3.3.3　基本功能

1. 对出入口控制、入侵探测、视频监控、实物保护区域照明、通信、供电、巡逻等系统做连续实时监控；在发生入侵等紧急事件时，可通过声、光报警信号立即察觉，并显示出报警部位；在接受报警信号的同时，联动视频复核、录像及打印或记录；在实物保护系统部件或线路出现失效、信号阻塞、情况异常或受到搅扰时可及时察觉，并显示出故障部位。

2. 汇集记录各出入口人员和车辆进出的信息。在发现异常时，立即安保人员采取应急措施。

3. 与本部门领导、保卫工作主管、各出入口、警卫人员、执勤巡逻人员及地方公安部门保持通信联系，交换安全保卫信息、传达指令。

1.3.3.4　设计要求

1. 作为要害部位应进行严格的进出授权管理，设置出入口控制系统，周界应做好入侵报警和报警复核。

2. 控制台、机柜或机架的安装应平稳、牢固、便于设别维护。控制台正面与墙的墙的净距离不应小于 1.2 m，侧面与墙或其他设备的净距离，在主要走道不应小于 1.5 m，在次要走道不应小于 0.8 m。

3. 应设置独立的设备间，以保证实保中心的散热和降噪。设备间内用于搬运设备的通道净宽不应小于 1.5 m，机柜背面和侧面与墙的净距离不应小于 1.2 m，背对背布置的机柜或机架背面之间的距离不应小于 1 m。当需要对机柜侧面维修测试时，机柜与机柜、机柜与墙之间的距离不宜小于 1.2 m。成行排列的机柜长度超过 6 m 时，两端应设置出入通道，当两个出入通道之间的距离超过 15 m 时，在两个出入通道间还应增加出口通道，出口通道的宽度不宜小于 1 m。

4. 实保中心的温度宜为 16～30 ℃，相对湿度宜为 30%～75%。

5. 实保中心应能与本部门领导、保卫工作主管、各出入口、警卫人员年、执勤巡逻人员、反应力量及地方公安部门保持畅通的通信联系，循环安全保卫信息，传达应急反应指令。

第2章

铀浓缩工厂实物保护系统运行管理

2.1 核设施实物保护系统运行管理

2.1.1 实物保护系统运行管理概述

实物保护系统是一个综合诸多因素的系统工程，主要包括出入控制、周界入侵探测、视频监控、通信、配电与照明、巡更管理等子系统。通过各子系统的独立及联合工作，实现核设施实物保护系统探测、延迟和响应三要素的协调，保障核设施安保工作的有效性。

核设施实物保护系统经过前期的设计、评审、施工建设、调试及试运行后在核材料到达核设施现场前正式投入运行。

2.1.2 实物保护系统运行管理人员配置

为确保实物保护系统良好稳定运行，核设施营运单位需配置充足的运行管理人员至少应包括系统管理员，操作员及证卡办理员等。

2.1.2.1 系统管理员

系统管理员需要掌握实物保护系统各子系统及设备基本原理、配置、技术参数及要求等，能够熟练使用现有系统并针对现有系统的缺陷提供改进措施。作为实物保护系统运行管理的最高权限人员，系统管理员应参加专业培训并获取认证授权后再实施系统管理工作。在实物保护系统运行管理方面，系统管理员主要职责要求：

1. 熟悉系统的设计功能、设计准则、运行参数、系统布置、流程及运行管理要求；

2. 操作系统，根据现场工作需要改变或设置系统运行状态；

3. 授权系统投入和推出运行，定期组织实施系统巡视、测试，系统数据备份，设备状态数据，性能指标数据收集和记录，对于系统设备的缺陷，及时填写工作申请；

4. 建立实物保护系统风险分级管理、设备缺陷处理控制办法，并有效组织和指导实施，保证核设施实物保护系统、辅助系统和相关系统处于良好运行状态，为核设施保卫提供有效的技术保障；

5. 跟踪国家涉核法律法规的最新要求，收集和掌握国际国内实物保护系统的先进技术和发展趋势，对核设施实物保护系统进行分析与评价，提供改进建议并推进改进项目有效实施；

6. 组织编写核设施实物保护系统培训及核设施保卫指示培训教材，定期组织实施对核设施保卫技术人员的培训，提高技能水平和操作质量，确保各岗位人员有足够的工作技能；

7. 组织和协调核设施保卫技术领域工程师日常管理活动，优化工作过程，提高职业技能，提高巡视、缺陷探测、故障响应、快熟处理的工作质量，杜绝重大设备损坏；

8. 组织编写与修订核设施实物保护系统技术程序，明确分管人员工作职责；

9. 组织开展实物保护系统性能指标管理的研究，将实物保护及相关系统、设备设置不同的风险权重，结合核设施设置，定义能比较合理反映出系统的真实状况、设备维护水平的系统性能指标；

10. 组织编写核材料许可证申请、机组运行报告等文件只能够与核设施实物保护系统相关的章节；

11. 组织核设施核材料运输、大修及其他重大保卫活动的专项技术保障工作；

12. 编写与修订系统技术支持程序，编写系统设备缺陷处理和跟踪控制的工作流程；

13. 实施系统设备信息化管理，重点加强系统设备档案和备品备件的跟踪管理；

14. 统计分析系统性能指标，评估系统的功能状况，报告设备缺陷及遗留问题的进展、提供有价值的外部技术反馈信息，对异常原因和重大风险隐患进行分析，提出有处理意见及建议跟踪解决系统设备故障与缺陷、遗留问题处理；

15. 编写系统月报，对系统运行情况进行记录。

2.1.2.2 系统操作员

系统操作员需要掌握实物保护系统各子系统及设备现场分布、设置目的及基本操作。作为直接使用系统的人员，系统操作员由经验丰富的系统管理员实施培训，通过考核获得授权后才能对系统进行操作。在实物保护系统运行管理方面，系统操作员主要职责要求：

1. 对实保中心电视墙进行实时监视，利用系统及视频键盘调用所需视频显示在指定电视墙上；

2. 对实物保护系统及设备状态进行实时监视，发现异常及时汇报系统管理员处理；

3. 对报警监控客户端进行实时监视，及时发现报警并核实，按照规定处置；

4. 对门禁控制系统客户端进行实时监视，及时处理场通行相关异常事件（包括返传、胁迫、无授权及密码错误等）；

5. 通过有线及无线通信设备与现场保卫人员进行及时沟通；

6. 对管辖内安保照明设备进行开启及关闭控制；根据授权及批准的申请操作实物保护系统设备。

2.1.2.3 办证人员

证卡办理员需要了解核设施各出入口门禁设置，掌握办证系统相关操作、报表使用及证卡打印等知识。证卡办理员应由经验丰富的系统管理员实施培训，通过考核获得授权后才能在系统上从事证卡办理相关工作。在实物保护系统运行管理方面，证卡办理员主要职责要求：

1. 通过系统进行人员信息采集、录入、审核、系统存档；

2. 在授权范围内，使用实物保护系统对人员通行卡相关信息进行操作；

3. 熟练使用报表软件，导入及导出人员通行卡授权关信息；

4. 对人员通行卡模板进行设置并打印制卡。

2.1.3 实物保护系统功能要求

核设施实物保护系统由出入口控制系统、入侵报警系统、视频监控系统、通信系统、配电系统、照明系统、巡更系统、集成保安管理和控制系统等组成，各系统通过计算机网络技术互联，形成一套功能完整、界面统一、数据库共享的网络管理系统。视频监控系统能实时、快速、准确地显示和记录报警系统发出报警区域的图像以实现报警事件的快速确认；同时视频监控系统能实时、快速、准确地对系统发出报警的出入口的图像以实现快速复核。通信系统可为安保人员运行工作和紧急情况的通信联络提供快捷有效的手段。

2.1.3.1 出入控制系统

出入口是人员、车辆必经之路，也是周界防范的薄弱环节，只有严格控制才能使各个区域安全得到保证。因此，人员出入口控制系统要求具有全区域防返传、防尾随功能、访问陪同功能、防胁迫功能。

1. 出入控制功能

所有进出核设施的人员必须持核设施所在单位发放的有效通行证件，在出入控制系统读卡通行，若人员无授权，则系统拒绝其通行并发出提示信息。只有经过核设施所在单位的审查和批准流程后的人员方可发放有效通行证件。

2. 防返传功能从狭义上说，是指系统在持卡人成功进行一次某区域的进出操作后，禁止在该区域的同级门处进行相同方向的进出请求。

3. 防重入功能是防返传的一种特殊形式，指一个持卡人在读卡成功（系统允许通行）时，系统禁止同一卡号在其他同级门的相同请求。具体描述如下：当持卡人在 1 号门处 A 读卡器刷卡，系统放行，但甲未推门进入。因系统放行的有效时间有一定区间，如 5 s，则在该时间内，若此通行卡再刷与 A 读卡器退出区域相同的读卡器 A′，则系统拒绝此次进出请求，并出现防返传报警，当系统放行时间失效后，此通行卡再刷读卡器 A 或读卡器 A′，系统不会出现防返传突，可正常通行。防重入功能可以阻止持卡人在同一出入口的不同通道快速刷两次试图带人的情况。

4. 访问陪同功能

对于来访人员获准进入保卫区域的授权后，会为其办理被陪同卡，被陪同卡会和具有陪同权限的授权人员的通行卡进行关联，来访人员只有在具有陪同权限的授权人员的陪同下，才可进入相关区域。在人员通行过程中，对来访人员所持有的被陪同卡和授权人员所持有的陪同卡在刷卡的过程中有一定的要求。在陪同卡的使用过程，所有被陪同人依次在同一读卡头刷卡，然后具有相应陪同权限的陪同人员也需在该读卡器上刷卡，然后所有已刷卡人员（包含被陪同人和陪同人）在该门依次通行。

5. 防胁迫功能胁迫报警通过系统比对通行时实际输入的密码与设置的胁迫密码是否一致来实现。在刷卡通行输密码时，若输入正常密码，则系统放行；若输入密码有误，则会在警卫工作站提示密码错误：若输入胁迫报警密码，则会弹出胁迫报警和持卡人资料，实保中心发出声光警报，并弹出发生胁迫报警位置的电子地图和联动视频。设置胁迫报警密码时，应使用便于记忆的密码，同时又不能过于简单和单一，以免人员误输入，引起不必要的误报，干扰现场的执勤秩序。胁迫密码的规则采用不同的实物保护系统集成管理平台存在一定差异。

当持卡人被破坏分子胁迫，要求与其同行进到电厂某区域时，持卡人可在刷卡通行时输入胁迫密码，触发胁迫报警；当破坏分子抢夺持卡人通行卡并要求持卡人告知密码时，持卡人可告知其通行卡胁迫密码，破坏分子在通行时触发胁迫报警，警卫核实身份后将其控制，终止其破坏行动。

2.1.3.2　入侵报警系统

周界入侵探测系统是防止外界入侵的关键所在，最终目标是能尽早探知外界入侵，为核设施响应力量赢得更多的响应时间。周界入侵探测系统的本质是通过弥补人防的不足来增强安全防范的效果，因此周界入侵探测系统是人防的有力辅助和补充。

周界入侵探测系统主要作用是在入侵事件发生时的感知、报警信息提示和报警复核。通常周界入侵探测系统具备报警信息显示、报警信息记录和查询、电子地图、声光提示等功能。

1. 报警信息显示

周界入侵探测系统包含入侵探测设备报警信息、故障信息，报警控制器运行状态信息等事件的实时显示，实保中心操作员可以在工作站实时观察到入侵探测器报警信号和故障信息。

2. 报警信息记录和查询

周界入侵探测系统包含诸多设备，尤其是入侵探测器数量众多。系统在运行过程中会产生大量的事件记录，包含入侵探测设备入侵报警、故障报警、通信报警等信息，数量庞大，但是实保中心操作员最为关注的是入侵报警信息，而且会经常需要调取入侵报警信息的历史记录，以查询入侵探测设备故障时间及恢复时间，系统提供各种报表功能，供实保中心操作员使用，如查询入侵报警信息的入侵报警报表，实保中心操作员可以据此对系统进行评估分析，判断哪些设备比较容易产生入侵报警，并通过视频系统复核判断是否属于误报。通常报表包括设备名称、设备所处区的位置、报警发生的时间等信息。

3. 电子地图

周界入侵探测系统前端设备多，且广泛分布于核设施周界各防区，系统通过分级电子地图将所有入侵探测设备集中呈现在实保中心操作员面前，系统通过电子地图将入侵探测器的运行状态清晰地给予展示。

电子地图通常分为两级，一级电子地图为包含核设施所有防区和入侵探测设备总图，二级电子地图为包含某几个防区入侵探测设备的地图，当某一防区的入侵探测器报警时，该防区所在的二级电子地图会自动显示，明确告知实保中心操作员何处发生报警，电子地图包括现场的视频监控设备，可以供实保中心操作员及时进行报警复核。

实保中心操作员还可以通过电子地图改变入侵探测器的状态，如确认入侵报警、屏蔽入侵探测器、修改入侵探测器的参数等。

此外，通过电子地图也可以实现闭锁、打开某个通道或者查看某个出入控制设备的运行状态等。通常情况下实保中心操作员在关注系统实时运录的同时，不仅会通过电子地图关注出入控制系统的设备状态，还可将所有前端摄像机按照实际分布集中布置在电子地图上，方便警卫操作。

4. 声光提示

入侵探测器产生的入侵报警信息应引起实保中心操作员的高度关注，为达到此目的，系统通常提供声光提示功能，即当入侵探测器产生入侵报警激活信号时，报警控制器或系统管理软件激活保卫控制中心内部的声光设备，声光设备发出刺耳的鸣叫声和非常显眼的灯光提示，以引起实保中心操作员注意。

5. 报警复核

周界入侵报警系统应与视频监控系统实施联动，当核设施周界入侵探测器产生入侵报警信号时，系统可以自动将报警探测器周边的摄像机实时画面投放到实保中心操作员的工作站或实保中心的电视墙上，以便及时对现场报警情况进行复核，确认是否发生真实的警情。

2.1.3.3　视频监控系统

视频监控系统主要作用是将各保护区域发生的实时事件以图像的形式传送至实保中心供系统操作员查看，同时对图像进行存储，通常视频监控系统具备视频图像查看、录像查询、报警信息显示与入侵报警系统和通信系统联动等功能，部分视频监控系统也可以提供电子地图功能。

1. 视频图像查看

视频图像查看是视频监控系统最基本的功能，该功能允许实保中心操作员调取任何所需要查看的前端摄像机的实时图像，也可以同时显示多个前端摄像机的实时图像即多画面显示，还可以供操作人员设置多个常用摄像机作为 1 个组显示，当注销管理软件再次登录后，只需将已经配置好的组进行显示可实现多画面显示效果。

实保中心操作员还可以通过分布在实保中心的电视墙查看视频图像并通过管理软件或配套的视频管理键盘对电视墙显示的图像进行切换。

2. 录像查询

录像查询是视频监控系统的基本功能之一，操作人员可以通过管理软件调取一定时间内产生的某段视频录像，并将录像面显示到电视墙或工作站，对历史事件进行查询、回放。

3. 报警信息显示

报警信息显示视频监控系统包含的摄像机、编码器、解码器、显示器等设备在运行期间产生的视频丢失、通信中断、电源丢失等异常事件信息将同时在实时监控画面进行显示，以提醒操作员系统存在故障情况。

系统同时将产生的事件信息进行存储，并提供报表功能以供对历史事件的查询。

4. 与入侵报警系统联动

视频监控系统应该与周界入侵探测系统实施联动，当核设施周界入侵探测产生入侵报警信号时，系统自动将报警探测器周边的摄像机实时画面投放到实保中心操作员的工作站或实保中心的电视墙上。

5. 与通信系统联动

视频监控系统应该与通信系统实施联动，当通行人员通过出入控制设备安装的通信设备与实保中心操作员通话时，系统可以自动将人员所在的出入控制通道的实时视频图像自动投放到实保中心操作员的工作站或实保中心的电视墙上，供实保中心操作员更好地了解现场情况。

2.1.3.4 通信系统

现阶段，核设施安保人员使用的对讲系统主要包括内线对讲系统和无线对讲系统。正常情况下，对讲系统须与其他系统配合，快速实现通信系统与视频监控系统的联动，及时与集成系统进行数据交换，显示相关区域的图像，并记录图像供实保中心操作员确认。

1. 内线对讲系统

内线对讲系统为一套专用独立的通信系统，作为保证实保中心操作员值班时与各出入口门禁岗位之间的通信联络。它是能独立于正常电话及其他通信系统之外的通信网络系统，其主要目的是保证在任何情况下都能有适当的通信手段和功能，以满足有效的实施安全防范的需要。

2. 无线对讲系统

无线对讲系统主要用于安保人员日常巡逻和执勤、核燃料运输、紧急突发事件和重大保卫任务时的现场保卫通信。无线对讲系统具有机动灵活，操作简便，语音传递快捷，使用经济的特点，是实现生产调度自动化和管理现代化的基础手段。无线对讲系统是一个独立的以放射式的双频双向自动重复方式通信系统，解决因使用通信范围限制或建筑结构等因素引起的通信信号无法覆盖的问题，便于精准使用于工作联络如保安、工程、操作及服务的人员，在其管理场所内非固定的位置执行职责。

无线对讲系统主要设备包括手持对讲机、固定对讲机、车载对讲机、信号中转设备、低损耗通信电缆、高增益通信天线及其他信号传输设备。直通频道有效覆盖范围为2 000 m。

3. 与外部通信

核设施营运单位应建立一套与武警、公安等外部保卫力量联系的通信系统，确保实保中心、武警、公安及保卫人员之间可以实时通信。可以依靠核设施已经存在的无线对讲系统，分别给公安、武警配发对讲终端，并划分不同的通信频道实现事件处置时的实时通信，同时建立专用的行政电话通信系统，作为日常联络手段。

2.1.3.5 周界照明系统

周界照明为保护区、要害区田栏和出入口提供可靠的照明，确保夜间保安巡逻和电视监控系统室外摄像机正常工作必需的工作照度。

系统应能手动和自动开启或关闭，当自然光照度不足时光电传感器可自动开启保安照明系统回路；在实保中心可手动开启周界照明系统与保安照明系统。

2.1.3.6 集成管理和控制系统

集成控制及管理系统是实物保护系统的综合管理平台，能够协调实物保护系统各个子系统正常运行，协助安保管理人员便捷地控制、管理和维护复杂的实物保护系统。

集成管理控制和管理系统应具备以下功能。

1. 通过电子地图显示各类探测报警系统的运行状态、报警和故障情况，自动记录各类事件，可在电子地图上直接处理发生的各类事件，如消除报警、控制动作输出等，能在一个界面内同时显示各层周界上的各种入侵探测器的报警信号。

2. 通过电子地图和视频图像可以显示出入控制设备的各出入口的情况，并对发生的各种情况进行处理。

3. 提供人员统计功能。根据人员进出信息，随时统计各区域人员数量，并可直接在电子地图上直观显示，同时可生成相关报告。在突发事件时，启动该功能，系统应能自动清点在集合点集合的人员总数和名单，根据进入人员名单确认未能集合的失踪人员名单，提供报警功能。

4. 提供与电视监控系统、出入控制系统和各类探测报警系统、保安通信等系统的接口，使这些系统的信息能够在集成保安管理和控制系统上显示和调用。

5. 具备分类信息检索功能，并提供自定义的按事件分类或按时间分类等不同分类方式的报表。

6. 系统允许对账户权限进行分级管理，不同的账户分配不同等级的操作授权，如管理员账户可以拥有设备增减、设备参数变更、设备状态修改等高级权限，一般操作员用户只有设备状态查看，设备参教查看的权限，无法对系统设备进行任何修改操作。

7. 系统应支持对不同报警信号进行优先级分类，当有多个报警信号同时发生时，优先级高的报警信号首先得到响应，在系统上显示并弹出报警联动。

2.1.4　实物保护系统连行管理要求

2.1.4.1　系统日常巡检

实物保护系统各个子系统通过网络集成至集成控制系统，构成整个核设施的实物保护系统。每个子系统处于长时间不间断的运行状态，以保障核设施和核材料的安全。服务器、交换机、存储设备、工作站、电视墙等网络传输及控制设备处于整个实物保护系统中的核心位置，对整个系统的安全稳定运行有着重大影响。因此，核设施内的保卫人员应当建立适当的巡检制度，及时发现这些设备可能出现的缺陷，确保组成实物保护系统的核心设备处于安全稳定的运行状态。

在日常巡检过程中，巡检人员应定期对实保中心机房内的设备状态进行检查，查看设备机柜门是否处于关闭状态，交换机、服务器等设备表面温度及清洁度是否满足设备运行需求，还要通过观察交换机、服务器、存储设备的指示灯初步判断其工作状态是否正常。若出现设备异常应及时记录并报告核设施技术人员进行验证、修复。

通常情况下，网络传输及控制设备集中分布在实保中心的设备机房，机房的环境显得尤其重要，巡检人员应定期对设备机房的环境进行检查，如空调及通风系统是否开启，机房内环境温度、湿度、清洁度是否满足设备运行要求。在日常巡检过程中，巡检人员应当根据巡检的设备、巡检内容和时间建立相应的巡检记录，对记录数据进行分析，及时发现设备运行隐患。

2.1.4.2　系统功能测试

为保证系统始终有效地运行，在实物保护系统安装完毕后，投入运行前和运行过程中应对系统整体及设备功能进行测试，以确保系统功能稳定可靠。除《核设施周界入侵报警系统》（HAD 501/03）导则明确规定的周界入侵报警系统有效性测试及周界入侵报警系统探测概率测试外，对于出入控制系统、视频监控系统、集成控制系统等系统功能测试应按照规定的周期和测试方法定期开展。

1. 出入控制系统功能测试

核设施出入口是控制人员、车辆和物品进出该设施各保卫区域的通道，是核设施实物保护系统的重要组成部分，直接关系到核设施实物保护系统的有效性。根据《核设施出入口控制》导则要求，核设施的出入控制系统应具有区域控制、防返传、防胁迫、防尾随、防重入功能，通常在核设施的出入口主要设备有三角闸门、旋转门、电磁门、气闸门、车辆道闸、路障机、折叠门、X 光机等设备。在日常的工作中，应定期对这些设备进行功能测试，以确保满足功能要求，测试的项目包含：通道硬件状况评估、非法通行卡测试、远程控制测试、门限位开关测试及与视频监控系统的联动测试。

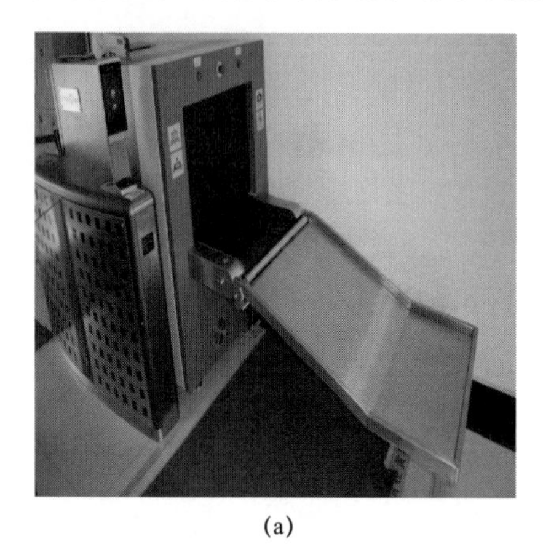

(a)

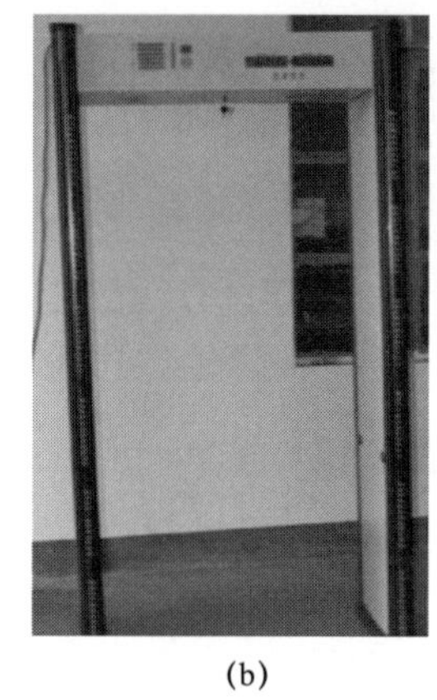

(b)

(c)

图 2-1 安检设备

（a）X 光箱包检查机；（b）金属探测门；（c）手持金属探测器

a. 对于三角闸门和旋转门等设备，通过定期读卡，检查读卡器和通道上方的指示灯是否正常，通行时是否有异常声音，是否存在延迟或卡涩现象；

b. 对于电磁门，应检查读卡器指示灯是否正常，限位开关是否可以正常复位，闭门器关门力度是否正常；

c. 测试道闸的开启、关闭、暂停功能是否正常；

d. 梁作路障机的控制开关，检查路障机能否正常、快速升降到位及暂停；

e. 检查折叠门是否可以正常开启、关闭和停止，运行时是否有异常声响；

f. 检查 X 光机扫描图像是否正常，皮带是否跑偏、运行时是否有噪声；

g. 检查通道设备的受腐蚀情况，读卡器按键是否松动；

h. 检查电缆外皮是否开裂受损，外壳是否接地完好。

i. 非法通行卡测试

利用一些不能通行的卡做测试，如过期卡、挂失卡、越区卡、返传卡、未授权卡、未知卡等，测试这些卡是否被拒绝通行并产生报警信息，同时验证在出入控制系统产生的相应报警记录是否及时准确。

j. 远程控制测试

测试人员在进行功能测试时，由出入控制系统的操作员通过系统软件远程执行，现场测试人员配合，出入控制系统操作员在实保中心远程打开或者闭锁某个出入控制设备，由现场测试人员实地测试，验证出入控制设备是否执行了打开和闭锁动作。

k. 门限位开关测试

通过开门来检验限位开关在出入控制系统上产生的相应报警记录是否及时和准确。

在测试过程中，对不满足要求的所有系统异常设备缺陷进行记录。测试完成后，须对测试的结果进行分析，对系统异常和设备缺陷进行跟踪解决。

l. 与视频监控系统的联动测试

由测试人员输入胁迫密码、故意返传越区刷卡，由出入控制系统的操作员验证是否出现相应的视频联动。

2. 视频监控系统功能测试

视频监控系统的功能测试主要包含摄像机测试、录像存储测试两个方面。具体的测试方法如下：

a. 摄像机功能测试

通过使用监视器和控制键盘，对变焦摄像机进行功能测试，调整焦距，转动摄像机镜头，观察画面是否发生变化。对于定焦摄像机应关注摄像机画面是否清晰，是否存在盲区等。

b. 录像存储测试

在视频监控系统上调取任意摄像机的录像，观察是否存在录像异常、丢失现象，且能保存 90 天。

3. 安保对讲系统功能测试

内线对讲系统是一个独立的内部通信调度网，采用星型结构，扩容方便，能够满足安防使用需求。通信系统通常能够提供足够的通话通道，实现无阻塞通信，保证通话的安全可靠性。常见的内线对讲系统交换主机具有免提通话、单工、智能双工、双工通话等几种通话方式，具有全呼、组呼及应答，个人模式等功能，同时具有呼叫转移、强插强拆、呼叫排除、优先权呼叫等功能，具有故障检测能力，对于系统的关键部件或装置能够进行自动诊断监测，及时发现故障、报警情况并记录。系统在增加相应配件的情况下，能够提供多种不同的接口功能，能够与视频监控系统等系统进行互联，能够对关键岗位的通话进行录音。

在进行功能测试时，应关注设备的通话质量是否存在异常，以及与视频监控系统的联动功能是否存在异常。

4. 集成控制系统功能测试

集成控制系统是实物保护系统的集成管理平台，核设施营运单位需要实时掌握系统的整体运行状态，及时发现系统潜在问题。

集成控制系统通常由服务器、交换机、工作站、数政据存储设备、数据管理设备、大屏幕控制器、对讲系统主机、控制台等设备组成，主要实现出入控制管理、周界探测、报警联动、信息管理、远程控制、多媒体控制、报表管理等功能。

集成控制系统功能测试应包括：系统数据备份功能测试、系统服务器切换功能测试、核心交换机切换功能测试、视频存储录像查询及导出功能测试、服务器及系统工作站端口可用性功能测试。

a. 系统数据备份功能测试

系统工程师将实物保护系统的出入控制、入侵探测、视频监控、通信记录等产生的数据进行手动导出备份，测试数据路径功能是否正常。

b. 服务器切换功能测试

系统工程师应分别测试实物保护系统服务器的手动切换和自动切换功能，在测试自动切换功能时可以模拟在运行的服务器发生断电等故障情况，测试备用服务器是否可以正常投用，在测试手动切换功能时，需在系统正常运行时通过对系统的手动操作，使得备用服务器投入运行，观察实物保护系统是否可以正常运行。

c. 核心交换机切换功能测试

系统工程师应对核心交换机的热备功能进行测试，测试时可以模拟断电或者断掉上游网络的情况，测试备用的核心交换机是否可以正常投用，也可以采用软件切换的方式，关闭在运核心交换机的端口，测试备用交换机是否可以正常投用。

d. 视频存储录像查询及导出功能测试

系统工程师应对视频存储的录像进行抽查，抽查是否满足设计的存储时间及存储清晰度，同时对查询的录像进行导出，测试录像导出功能是否正常。

e. 服务器及工作站端口可用性功能测试

通常情况，实物保护系统的服务器及工作站的 USB 等移动介质端口需要进行屏蔽，以避免实物保护系统的数据外泄，避免实物保护系统通过移动介质感染病毒等情况，系统工程师需对屏蔽的端口进行功能测试，查看其是否始终处于屏蔽状态，是否有移动介质的使用记录。

由于集成控制系统对实物保护系统的稳定运行至关重要，测试带来的影响比较大，测试前应进行风险分析并制定控制措施，测试过程中，实保中心值班员需关注现场设备状态，及时与测试工程师沟通，实物保护系统工程师在开展集成控制系统功能测试时一般需注意以下事项：

参加功能测试的人员不少于 2 人；

进行充分的风险分析并制定响应的预防措施；

功能测试前与实保中心的保卫人员进行充分沟通；

避开人员通行高峰期及核设施单位重要工作节点；

测试过程中，一旦系统出现异常情况，须立即停止，经分析评估后，决定是否采取响应措施、中断或继续测试活动；

f. 配电系统功能测试

配电系统为实物保护系统提供动力，为验证其运行的可靠性，提前发现安全隐患，应定期对配电系统进行功能测试，测试内容应包括；

配电保护测试：检测配电保护装置是否可以正常工作；

配电系统断电测试：即切断某一路电源，检测实物保护系统是否可以正常运行，功能不受影响；

柴油机启停测试：手动触发柴油机启停信号，观察柴油机是否可以在规定时间内启停；

UPS 功能测试：对 UPS 进行充放电测试，验证器工作时间按，电压、电流大小是否满足设计要求。

由于配电功能的丧失会引起系统功能性确实，在配电系统功能测试前需要核设施营运单位做好充分的风险分析，制定保卫补偿应对措施，确保在配电系统功能测试期间不能出现大范围的设备掉电导致系统功能丧失现象。

2.1.4.3　周界入侵报警系统测试

周界入侵报警系统是核设施实物保护系统的重要组成部分。周界入侵探测系统的功能是否可用，直接关系到整个实物保护系统的有效性，关系到核设施的安全。为了保证系统始终运行，在周界入侵报警系统安装完毕后，在投入运行前和运行过程中应按照相关规定对周界的每个探测区域进行测试，以确保系统达到《核设施周界入侵报警系统》导则所规定的要求。

周界入侵报警系统的测试分为两种：有效性测试和概率测试。建议分别增加测试所需工具、测试人员人数及职责、测试完成后输出文档类型等内容。

1. 系统有效性测试

系统有效性测试应至少每月进行 1 次，测试的目的是检查系统各探测防区是否正常工作，测试人员对所有探测区或进行模拟入侵，采用走、跑、爬、跳等各种方式触发入侵探测器报警，检查报警系统是否正常报警。有效性测试不应集中在一周的某一天进行，应分区或分不同时间开展。

2. 系统探测概率测试

系统探测概率测试分为方法 A 和方法 B，实际使用过程中可根据需要自行采用。

a. 系统探测概率测试方法 A

对以下 4 种情况之一，应对系统进行探测概率测试：

系统刚装好，并将投入运行前；

系统刚经检修、改进或停止一段时间运行后；

每次的有效性测试中，系统达不到应有的成功探测次数的要求；

最近一次的探测概率测试已经过 1 年的时间。

测试过程中，应尽量采用不同的入侵方式进行测试，且各入侵方式的测试次数应尽量持平，若无法对每种入侵方式进行同等次数的测试，应较多采用不容易被探测的入侵方式进行测试。

b. 系统探测概率测试方法 B

若采用此种测试方法，只需在系统刚刚建成后，对整个系统进行一次探测概率测试。如果探测概率满足要求，则在系统以后的运行过程中，不必再单独进行探测概率测试，若发现问题，将问题解决后，重新进行探测概率测试，直至系统的探测概率达到要求，再重新进行每周的有效性测试。在此情况下，前一轮有效性测试的数据不能纳入这一轮的总体数据中，必须重新开始积累数据。

探测概率测试要求计算在 95%置信水平下探测概率最小值，该数值的计算要先统计有效性测试的结果。

探测器在95%置信水平下探测概率最小值不应小于 88%。

除对周界入侵报警系统的有效性和探测概率进行测试，测试人员还应对周界入侵探测系统与视频监控系统的联动功能进行测试，当实保中心测试人员触发某一入侵报警探测器的入侵报警信号后，查看预先配置的联动摄像机画面是否正确地显示在实保中心工作站或电视墙的显示屏幕。联动功能测试可由实保中心操作人员安排现场测试人员进行实地测试，现场测试真实触发入侵报警探测器的入侵报警信号，实保中心操作员观察系统是否正确产生报警信息，是否联动了预先配置的摄像机画面并正确地显示在实保中心工作站或者电视墙的显示屏幕。

2.1.4.4 系统日志及记录管理

实物保护系统日志及记录通过数据库进行管里。为保证系统日志及记录真实可靠，系统数据库应具有高的通用性、实时性、可靠性、开放性、可扩充性和安全性；数据库应支持 24 h×7 全天候不停机，容错及错误恢复、预警等；数据库应冗余备份，并具有自动备份和日志管理功能。在日常运行管理活动中，日志及记录（数据库） 管理的关键工作是数据备份及恢复。系统数据备份是备份系统相关配置及运行产生的各种数据，分为整体备份及数据导出备份两种。系统数据恢复建立在备份基础上，应由经验丰富系统管理员进行操作。

整体备份即将数据库进行全部备份。该备份主要用于系统数据库存储出现异常时，能够采用备份数据将系统恢复至备份前状态，提高系统稳定性。数据库整体备份建议采用自动及手动备份方式，自动备份为每天进行一次备份，当系统配置发生重大改变之后进行手动备份。为防止磁盘存储空间不足导致无法正常备份，需定期清理备份文件。

数据导出备份即将系统运行产生的各种数据（不包括配置文件）从数据库中提取出来并存储至第三方设备进行备份。该备份主要有两个目的：一方面将系统运行产生的人员统计记录、报警事件及系统操作记录等历史数据进行存档以便日后查询使用；另一方面将系统日益增大的数据库进行精简，提高系统运行效率。数据导出备份建议编写程序并设定规则，按时进行导出存档。

2.1.4.5 设备预防性维护

为确保实物保护系统长时间稳定运行，针对不同设备需要制定专门的维护保养大纲计划。如对摄像机进行定期清尘除灰、出入控制系统门禁机械部分的上油保养、服务器交换机病毒清理、防火墙的防病病毒库更新及设备间内机柜除尘等。

2.1.4.6 设备故障期间补偿管理

实物保护系统运行过程中，如发现设备故障或者缺陷，应及时通知系统维修人员处理，在故障得到解决前，核设施营运单位应根据故障设备造成的影响和潜在的风险，采取不同的措施进行补偿管理。

1. 非系统功能性丧失补偿

实物保护系统单一设备故障并不会引起系统功能性丧失，虽然造成系统存在薄弱环节，但是系统功能并不会缺失，发生此类故障后应及时通知维修人员处理，同时核设施营运单位还应该安排其他技术手段或人防力量进行补偿。

a. 出入控制通道故障，应采取安排保卫力量人工查验通行人员权限后利用其他辅助通道放行，避免不法人员利用系统障碍混入核设施保卫区域。

b. 入侵探测设备故障导致某一防区失效，应安排人防力量补充，保证防区的完整性，避免不法人员利用系统故障进入核设施保卫区域。

c. 监控设备故障导致某一防区实时监控和视频复核不可用，应安排人防力量补充，具体可以安排保卫力量进行不间断的的守护或者巡逻，在现场发生警情时以便及时复核。

2. 功能性丧失补偿

若发生大量的设备故障或交换机、服务器等核心设备故障导致系统的出入控制、入侵探测、监控功能丧失，核设施营运单位在启动总维修流程的同时应立即采取特殊情况下的处置措施。

a. 出入控制系统功能丧失

发生入侵探测系统功能丧失时，核设施营运单位在启动紧急维修流程的同时应立即启动设施应急保卫力量，持手持终端各区域出入口执行证件检查和授权核对工作，无手持终端的核设施单位应在各区域出入口安排保卫人员执行证件检查和授权核对工作，并引导现场人员有序通行。

b. 入侵探测系统功能丧失

发生入侵探测系统功能丧失时，核设施营运单位在抢修的同时应立即启动应急预案，采取人防力量临时代替技术防范措施，人防力量应尽量均匀布置并保证布防的完整性，同时应安排安保人员沿周界不间断巡逻，以作为紧急响应和突发事件处置的首批响应力量。

c. 监控系统功能丧失

发生入侵探测系统功能丧失时，核设施营运单位在启动紧急维修流程的同时应立即启动设施保卫应急力量，安排保卫人员对丧失监控区域的周界进行不间断巡逻，在现场发生入侵探测报警时及时核实现场警情。

3. 故障期间的处置流程

实物保护系统设备故障时，核设施营运单位应制定一套标准的响应和处置流程。例如某运营单位采取加大武装巡逻力度和使用故障设备附近技防设施加强监控。

2.1.5 实物保护系统评估

随着实物保护系统相关领域的科技进步、发展和变化，原有的实物保护系统相关领域可能存在不满足当前保卫目标的实际需求；以及国家政策、法规等规章文件的出版或修订，实物保护系统的相关领域也需要根据要求进行评估分析是否满足当前政策、法规的要求等，为此铀浓缩工厂实物保护系统每年需进行评估。

2.1.5.1 实物保护系统定性评估

定性评价是在保护目标、核材料实物保护等记录、设计基准威胁、响应力量、实物保护系统组成已知的情况下，依据相关标准，采用现场视察、抽样检查、测试、演习等方法对实物保护系统的有效性进行的评估。评价内容见表 2-1。

表 2-1　评价内容

评价的主要内容	定性评价报告内容	评价结果	主要结论
实物保护系统是否满足国家相关标准和去规的要求	实物保护系统简述	实物保护系统总体方案及功能是否符合国家标准要求	系统功能
实物保护系统总体方案设计原则	保护目标描述	实物保护系统软硬件运行可靠性、设备投运率、技术指标是否达到要求	系统可靠性
实物保护系统的可靠性和功能的完整性	设计基准威胁描述	管理文件种类、质量是否符合要求，是否得到严格执行	管理文件
实物保护系统运行状况	响应力量描述	实物保护系统管理、维护、操作人员及响应力量的培训、考核、演练是否合格	人员培训
实物保护管理文件的完整性及执行效果	—	现场抽样检查、设备测试、子系统测试、响应演习、人员考察结果	响应演习
人员培训及考核情况	—	是否有薄弱环节	运行情况
实物保护系统是否满足国家相关标准和法规的要求	实物保护系统简述	实物保护系统总体方案及功能是否符合国家标准要求	系统功能
实物保护系统总体方案设计原则	保护目标描述	实物保护系统软硬件运行可靠性、设备投运率、技术指标是否达到要求	系统可靠性
现场检查、测试、演习结果模拟入侵测试	—		现场测试结果
内部防范措施检查	—		是否有薄弱环节
实物保护系统行管理的相关制度和措施	—		

2.1.5.2　实物保护系统定量评价

实物保护系统定量评价是在保护目标、核材料等级、偷窃或破坏核材料的后果因素、设计基准威胁、响应力量、实物保护系统参数已知的情况下，利用科学的分析评价方法计算出反映实物保护系统效果的有效性指标和核材料、核设施的风险值。

由于定量评价是利用相关指标计算系统的有效性指标和风险值，因此定量评价的内容主要包括两大方面：

1. 实物保护系统有效性评价

通过核材料与核设施实物保护系统模拟、薄弱路径分析，根据及时探测原理，结合探测时间、延迟时间和响应时间等参数，计算系统的截住概率和制止概率，从而计算出设施的有效性数值。

2. 核材料与核设施风险评价

在系统有效性数值的基础上，结合核材料与核设施的实物保护等级、后果情况、核设施的作案概率等内容，计算核材料与核设施的风险值，结合风险评价指标，给出核材料与核设施的风险情况。

在进行定量评价完成后，需要形成评价的结论报告，评价的结论报告一般应当描述定量评价的输入、分析过程和结论等内容。核设施实物保护系统的定量评价结论一般包括：保护目标描述；实物保护系统简述；设计基准威胁描述；响应力量描述；评价工具；评价结果。

● 若风险等级为“低”，评价结论为：实物保护系统可以继续运行或实物保护方案符合要求。

● 若风险等级为“中”，评价结论为：增加实物保护措施或实施实物保护系统局部升级并重新评价达标后，实物保护方案符合要求。

● 若风险等级为“高”，评价结论为：实物保护方案不符合要求，需进行全面实物保护系统整改并需进行重新评价。

实物保护系统整改和升级是经过系统改造来解决系统评估过程中发现的系统问题，以提高系统的有效性。系统的升级方案需考虑设备技术的先进性、成熟性和设备稳定性等多种因素，同时还需要考虑投入和产出因素，并选择适合自身特点的升级方案。在系统升级的过程中需要考虑尽量不降低原有系统的安全水平，以使在升级和改造过程中对保护目标的安全防范水平不降低，在升级和改造方案中需要识别风险措施，并制定相关预防和应急措施。

2.2　铀浓缩工厂实物保护系统维修管理

2.2.1　维修工作概述

实物保护系统维修工作对保持系统正常功能至关重要，及时消除系统缺陷、定期对系统和设备进行维护、实施系统改进与升级，是确保系统安全稳定运行的重要保证。系统维修工作主要包括以下几个方面：实物保护系统的日常缺陷与故障维修；设备的定期维护与保养；升级改造施工工作；备品备件的采购与库存管理。

2.2.2　维修管理程序

为了有效落实核设施营运单位有关实物保护系统的维修维护管理措施，核设施营运单位应建立实物保护系统的维修管理程序和相关检修、试验规程，并有效监督落实，保障实物保护系统的可靠、稳定运行。

实物保护系统维修管理程序与规程主要有以下几个方面：

● 系统维修大纲应明确系统维修的范围、职责与基本要求，制定系统的定期试验、维护制度和要求等，指导系统的维修维护工作；

● 检修规程包括视频监控系统检修规程、出入口控制系统检修规程、集成管理平台检修规程等，明确各子系统检修工作的步骤、安全措施、验收标准等；

● 实物保护系统试验规程明确系统各子系的定期试验频率、工具、流程、范围、衡量标准等；

● 实物保护系统技改规程明确系统技术改造的实施流程工作要求验收标准等；

● 实物保护系统定期维护规程明确系统定期维护的范围、方法、工具流程、验收标准等；

● 核设施营运单位应建立完整的实物保护系统维修体系，对系统维修费用明确要求，流程、衡量标准等，为系统的维修维护工作提供管理依据和指导。

2.2.3 维修人员配置

2.2.3.1 人员配置

铀浓缩营运单位应根据设施的实物保护系统情况配置足够的实物保护系统，维修维护人员也可以委托有资质的公司负责维修。系统维修要有协调工程师和系统维修工程师，协调工程师主要负责与运行管理人员的接口，负责接收运行人员上报的系统及设备故障情况并进行合理分工与安排，本工程师要由营运单位在职人员担任；系统维修工程师根据协调工程师的安排具体执行故障及缺陷的处理工作。

2.2.3.2 人员技能要求

核设施实物保护系统协调及维修工程师应熟悉设施实物保护系统，对系统的结构、设备的构成、安装布置、系统和设备的试验方法与操作等比较熟悉，能够对系统出现的问题、故障或缺陷及时做出证确的诊断，并提出解决的方法或措施。

具体应具备以下条件和要求：

- 熟悉核设施实物保护有关法规、导则；
- 熟悉核设施实物保护系统的架构、原理，包括系统的配置及现场设备的布置及工作原理；
- 了解核设施工艺系统结构，熟悉工艺厂房及重要设备布置等；
- 具备一定的电气及弱电知识。

2.2.3.3 人员培训

培训是人员获取岗位授权和技能提升的重要环节，系统维修维护人员的培训主要包括上岗前的授权培训和在岗后的技能提升与管理提升等培训。

上岗前培训：

- 核设施基本安全知识培训；
- 实物保护系统及主要设备基本工作原理培训；
- 实物保护系统维修维护管理程序及相关规程培训。

在岗培训：

- 增加系统原理及定期试验操作复训；
- 定期参加实物保护系统维修维护管理程序及相关规定培训。

2.2.4 维修工单管理

核设施实物保护系统各子系统的功能和设备的重要程度不同，系统维修工作也应据此将系统及设备分级，针对不同重要等级的子系统或设备的故障、缺陷，维修响应等级也不相同。维修作业的响应等级划分见表 2-2。

表 2-2 维修作业的响应等级划分表

响应等级划分	涉及的设备或情况		
立即响应	实物保护系统功能性丧失：如出入控制系统不可用，周界入侵探测系统不可用，视频监控系统不可用等；	影响核设施正常生产运行的：如某一区域出入控制系统不可用，人员无法正常通行等；	影响实保中心保卫人员对系统的正常操作的故障。

续表

响应等级划分	涉及的设备或情况		
24 小时内响应	周界入侵探测器频繁误报警，如单一探测防区误报警达到 1 次/时；	监控系统故障导致无法对周界入侵探测器的报警及时有效复核时；	周界入侵探测器故障导致周界存在盲区；出入控制系统部分门禁设备故障导致现场人员拥堵或者通行缓慢。
48 小时内响应	一定程度上影响实物保护系统正常运行但是未造成功能丧失故障；	设备缺陷进一步发展将造成实物保护系统功能有不可用的故障。	
一周内响应	系统非功能性丧失缺陷和故障，未对实物保护系统正常运行造成影响如标牌类缺陷，清洁类缺陷等。		

铀浓缩营运单位应建立完善的实物保护系统缺陷与故障维修处理流程，规范维修维护管理。

实物保护系统运行管理部门在日常运行管理、功能定期测试等活动中发现系统故障与缺陷，应按照流程及时报修。实物保护系统维修部门接到维修工单后应按照既定的响应等级在规定的时间内进行现场处置。

实物保护系统维修部门在检修工作结束后应填写完工报告，编写检修记录。

2.2.5 系统紧急抢修管理

在制定实物保护系统维修程序时，应考虑到紧急故障的抢修管理制度和规定。一旦发生系统功能性丧失或影响厂区正常生产运行的故障应按照紧急抢修管理的规定进行紧急处理。如集成管理平台瘫痪、某一保区域出入口无法通行、周界入侵探测系统不可用等故障，需启动紧急抢修流程，实物保护系统的紧急抢修可根据实际情况纳入核设施应急抢修管理范畴。系统维修人员接到应急抢修的通知后，必须在 30 分钟内到达区启动紧急抢修工作。

紧急抢修工作应本着尽快恢复系统功能的原则，优先考虑整体备件的更换，故障消除后再对整体拆卸的备件进行精准维修，确认具体的故障点，并完成故障设备的修复，修复后的设备作为备件退库保存。

2.2.6 备品备件管理

备品备件是实物保护系统维修管理的重要组成部分，系统的维修与维护需要有足够的备品备件支持。同时，备品备件的诸存、保管、保养等又有一定的要求。因此，合理制定备品备件的清单、数量，即保证维修维护工作的需求，又不至于造成不必要的资金浪费，是备品备件管理的关键所在。

建立和维护备品备件信息；制定备品备件储备定额；确定备品备件的存储期限；编制具体备品备件的存储、保养要求；编制战略备件清单；收集备品备件的技术信息和管理信息，编制备品备件清单，确保备件描述信息完整、准确、清晰；制定重要、关键设备的备件清单并做好标识；妥善保管和正确使用，重要的备品备件需要进行定期维护，制定备品备件的存储维护保养技术要求。

2.2.7 库存管理

铀浓缩运行单位实物保护系统备品备件可按其重要程度分为关键备件和一般备件两类。针对不同类型的备品备件，其库存的管理策略也有所不同，同时备品备件的储备量也取决于备品备件的消耗量、易消耗性、价格、可用资金、采购周期、库存有效期，以及储备的必要性和重要性等。

备品备件的储备量必须满足以下的原则要求：

1．对于一般备件需要制定储备定额，原则按照系统使用数量的20%储备，系统普遍使用或数量超过200 以上可适当减少备件的比例，保证系统纠正性维修的需要；

2．对于采购周期较短的国产一般备件或国内有成熟代理销售渠道的一般备件，可以适当减少储备定额；

3．关键备件一次采购到位，需要满足系统运行期间小率故障的需要定额；

4．为了提高快速修复的效率，应建立整体备件的储存计划，对系统稳定运行有重要影响的关键设备，尽可能储备整体备件，以确保能在最短的时间恢复系统功能。

5. 维修维护工作过程中，对备品备件的入库、出库没退库应建立记录制度确保备件的使用与库存信息有据可查，并作为补充备品备件的统计依据。

6. 备品备件及材料领用出库后，如现场维修维护产生了剩余，应办理退库手续，并对退库的备品备件及材料进行检查，确保备品备件处于可用状态。

7. 修复备件应按照新备件的储存条件要求独立保存，并按照规范要求和修复要求定期维护。

第3章

铀浓缩工厂实保中心管理

3.1 出入口控制系统日常操作

3.1.1 出入口控制系统概述

核安全导则《核设施出入口控制》（HAD 501-04）对出入口控制系统的描述为：出入口控制是核设施实物保护系统的重要组成部分，直接关系到核设施实物保护系统的有效性，出入口控制系统的作用是有效地识别和控制人员、车辆、物品的出入，对未经批准的出入，尤其对试图强行闯入、携带违禁品出入或非法转移核材料的行动起到探测和延时作用。

出入口控制系统的前端设备在人员、车辆通过时负责读取出入人员、车辆授权信息，然后将读取的信息通过传输线缆、传输设备传送至门禁控制器，门禁控制器获取信息后与内部已存储的信息进行比对，从而判断此次出入是否合法。若允许通行，门禁控制器发送开门信号至现场执行设备，执行设备执行放行动作，如旋转闸门可以推动一次，车辆道闸升起，人员、车辆通行后，执行设备恢复闭锁状态。如果此次通行被拒绝，场执行设备不会产生动作，依然保持闭锁状态，同时门禁控制器发送一条报警信息送至系统服务器，服务器进行记录，同时实保中心操作员可以通过工作站上安装的出入口控制系统客户端检测到该条事件信息并按照相关的流程进行处理。

3.1.2 周界入侵探测系统日常操作

3.1.2.1 系统概述

概述周界入侵探测系统是利用传感器技术和电子信息技术探测并指示或试图非法进入设防区域（包括主观判断面临被劫持、遭抢劫或其他危机时，故意触发紧急报警装置）的行为、处理报警信息、发出报警信息的电子系统或网络。

核安全导则《核设施周界入侵报警系统》（HAD 501—03）中将入侵报警系统描述为核设施实物保护系统的一个重要组成我部分，是整个实物保护技防系统的外围系统。

周界入侵探测系统是防止外界入侵的关键所在，最终目标是能尽早探外界入侵，为核设施响应力量赢得更多的响应时。周界入侵探测系统的本质是通过提高人防能力或弥补人防的不足来增强安全防范的效果，因此周界入侵探测系统是人防的有力辅助和补充。

周界入侵探测系统在核设施安全保卫工作中可以发挥如下作用：

担任警戒和报警任务，提高报警探测的能力和效率；及时探测入侵事件，提高了保卫力量的快速反应能力，可及时发现警情，迅速有力地制止侵害；威慑蓄意入侵分子，使其不敢轻易作案或被迫采取规避措施，可提高作案成本，降低入侵事件发生概率。周界入侵探测系统通常由前端报警探测器、信号传输设备、管理及控制设备、显示/记录设备、报警复核设备组成。

在周界入侵探测系统中，前端设备主要是采用各种技术的报警探测器和紧急报警装置，报警探测器也称为入侵探测设备，是面临危险的不正常情况下可以产生报警信息的装置。报警探测器采用各种各样的传感技术和器件，组成了不同类型、不同用途的报警探测装置，以满足不同安全防范目的和不同安全防范区域的需要，是周界入侵探测系统的关键设备。

前端入侵探测设备通常将探测到的非法入侵信息以开关信号的形式，通过传输系统（有线或无线）传送给报警控制器。核设施常见的入侵探测设备有微波探测器、多普勒探测器、振动光缆探测器、红外探测器、泄漏电缆探测器、张力铁丝探测器以及门磁探测器等。

入侵报警系统信号传输设备包括信号传输线缆、数据采集和处理器（或地址编解码器发射接收装置）。传输部分的基本功能是将前端入侵探测设备产生的报警信号实时、可靠地传送到后端的控制管理设备。

控制管理设备包括报警控制器和中央控制台，中央控制台应包含管理服务器、工作站、声光指示设备、入侵报警联动及通信接口等。报警控制器对前端入侵探测设备传输的报警信号进行处理，以判断是否应该产生报警信息以及产生何种报警信息，管理服务器则对报警信息进行记录并显示在实保中心操作员使用的工作站，以供实保中心操作员及时查阅、处理报警信息，管理服务器同时负责报警信息的视频联动、声光警示及与其他系统的通信接口。

报警复核工作通常需要与核设施监控系统配合运作，当某一区域的入侵探测设备发出报警信息后，入侵探测设备周边的监控摄像机与报警信号联动，摄像机的实时图像应能及时自动显示实保控制中心操作员工作控制中心的监视屏幕，以引起实保中心操作员的注意，并对报警探测区域情况进行视频复核。报警复核工作通常还包括实保中心操作员在通过视频监控系统进行复核的同时还应立通知现场警卫人员及时赶到现场进行实地核实，以确认入侵探测器报警原因。

3.1.2.2 系统功能

周界入侵探测系统主要作用是在入侵事件发生时的感知、报警信息提示和报警复核，通常周界入侵探测系统具备设备管理、报警言息显示、报警信息记录和查询、电子地图、声光提示、联动视频监控系统和联动出入口控制系统等功能。

1. 设备管理

系统允许操作人员对前端入侵探测设备和报警控制器运行状态实时监测，并允许有操作权限的操作人员对周界入侵探测/系统内的设备进行增加、删减、变更设备状态操作，系统允许授权人员对入侵探测设备进行布防、撤防、旁路、报警复位和确认等操作。

2. 授权管理

系统允许对操作员权限进行分级管理，不同级别的用户分配不同等级的操作授权，如管理员账户可以拥有设备增减、设备参数变更和设备状态修改等高级权限，一般操作员用户只可以查看入侵探测设备的当前状态，无法变更和修改入侵探测设备的状态和配置参数，也无法对其他系统设备进行任何修改操作。

3. 报警信息显示

周界入侵探测系统包含入侵探测设备报警信息、故障信息，报警控制器运行状态信息等事件的实时显示，实保中心操作员可以在工作站实时观察到入侵探测设备报警信号和故障信息。

4. 事件记录及查询

周界入侵探测系统包含设备数量尤其是入侵探测设备数量众多，系统在运行过程中会产生大量的事件记录，包含入侵探测设备入侵报警、故障报警和通信报警等信息，数量庞大，但是实保中心操作员最为关注的是入侵报警信息，而且会经常需要调取入侵报警信息的历史记录，以查询入侵探测设备故障时间内的报表功能，供实保中心操作员使用，如只查询入侵报警信息的入侵报警报表，实保中心操作员可以据此对系统进行分析，判断哪些设备比较容易产生入侵报警，并通过视频系统判断是否属于误报，通常报表包括设备名称、设备所处防区的位置和报警发生的时间等信息。

5. 电子地图

周界入侵探测系统前端设备多，且广泛分布于核设施周界各防区，系统通过分级电子地图将所有入侵探测设备集中呈现在实保中心操作员面前，系统通过电子地图将入侵探测器的运行状态清晰地给予展示。

电子地图通常分为两级，一级电子地图为包含核设施所有防区和入侵探测设备总图，二级电子地图为包含某几个防区和入侵探测设备的地图，当某一防区的入侵探测器报警时，该防区所在的二级电子地图会自动显示，明确告知实保中心操作员何处发生报警，电子地图同时联动现场的视频监控设备，可以供实保中心操作员及时进行报警复核。

实保中心操作员还可以通过电子地图改变入侵探测设备的状态，如确认入侵报警、屏蔽入侵探测设备和修改入侵探测设备的参数等。

6. 声光提示

周界入侵探测系统作为核设施响应外界入侵的第一层力量，入侵探测设备产生的入侵报警信息应引起实保中心操作员的高度关注，为达到此目的，系统通常提供声光提示功能，即当入侵探测设备产生入侵报警激活信号时，报警控制器或系统管理软件激活实保中心附近的声光设备，声光设备发出刺耳的鸣叫声和非常显眼的灯光提示，以引起实保中心操作员注意。

7. 联动视频监控系统

周界入侵探测系统联动视频监控系统主要目的是入侵报警的视频复核，入侵探测设备产生入侵报警信号并被实保中心操作员发现后，可以立即通过工作站或显示屏幕确认联动的摄像机画面内是否发生真实入侵事件。

周界入侵探测系统与视频监控系统的联动是系统必须具备的一项功能，若实保中心操作员得知入侵探测设备入侵报警信息后，无法及时通过监控进行复核而是通知警卫到现场进行核实，待警卫人员到达现场时入侵人员有很大机会已经迅速逃离周界入侵探测系统的防区，导致警卫人员无法有效核实真实发生的情况，甚至造成误判，从而产生一定的后果。

8. 联动出入口控制系统

周界入侵探测系统在特定环境下还需要与出入口控制系统联动，如在某些重要厂房设置的入侵探测设备，则需要与该区域或厂房的出入控制设备联动。当入侵探测设备产生入侵报警信号后，意味该区域遭到入侵，出入口控制系统自动闭锁该区域或厂房的出入通道，避免入侵人员逃离现场，待响应力量到达现场控制局势后，实保中心操作员可以手动打开该区域或厂房的出入口通道供响应力量进入处置。

3.1.3 视频监控系统日常操作

3.1.3.1 系统概述

视频监控系统是核设施对出入通道和实体保卫边界实时监控的物理基础，安全保卫部门可通过视频监控系统获得有效数据、图像或声音信息，对异常事件的过程进行及时的监视和记录，用以组织高效、及时地指挥和调度、布置警力、处理事件等。

核设施的监视系统通常指视频监控系统，根据核安全导则《核设施实物保护》（HAD 501—02）的要求，视频监控系统通常分布在核设施各安保区域出入口，安保边界，作用是对核设施安保区域进行实时监控和录像存储，同时作为周界入侵探测报警系统报警复核手段，在周界入侵探测系统发出入侵报警信号的同时，监控系统产生联动动作，供实保中心操作员对报警部位进行实时复核。

视频监控系统作为实物保护系统的重要且成部分，应连续24小时不间断运行，在各种环境条件都应正常运行并保证图像质量清晰，以供实保中心操作员确认现场事件，辨认入侵者的基本特征。为满足上述要求，视频监控系统通常配备一定的照明设施，照明设施通常按照以下照度要求布置照度要求表3-1。

表3-1 照度要求

区　域	位　置	照度要求	备　注
核设施控制区周边地区	地面照度	不低于10 lx;	
核设施室内受保护及保护区、要害区周界	地面照度	不低于20 lx;	
核设施主出入口	工作地面	不低于 150 lx	

核设施视频监控系统主要由摄像、传输、控制、显示和存储五大部分组成。

1. 视频监控的前端设备主要是各种不同作用的摄像机，核设施常见摄像机包括：枪机、球机、云台、半球，摄像机负责对画面进行采集，并转换为输的电子信号，摄像部分是监控系统的前沿部分，是整个系统的眼睛。

2. 视频监控系统传输部分包括传输介质如同轴电缆、双绞线、光纤编解码设备，传输部分将前端摄像机采集到的图像通过编码、解码传控制中心进行控制、显示及存储。

3. 视频监控系统的控制部分主要包括视频管理服务器和视频管理系统，控制部分可以通过管理软件实现对系统内监控设备的配置管理，对视频信号管理及对显示和存储过程管理。

4. 显示部分通常由解码器和显示屏幕组成，作为实保中心操作员控制用的设备、核设施显示部分通常包括实保中心操作员使用的工作站和设置在实保中心的电视墙（多台监视器集中布置）组成。

5. 存储部分将前端摄像机采集到的视频图像进行保存，由录像存储主机（网络录像机、硬盘录像机、磁盘陈列管理服务器等）和存储介质组成，存储时间可以根据要求进行配置管理。

前端摄像机将采集到的视频信号通过传输线缆传输到管理服务器，视频服务器将视频信号传送至实保中心操作员使用的工作站或实保中心的电视墙，供实保中心操作员查看，同时视频服务器还会将视频信号传输至存储设备进行保存。

3.1.3.2 系统功能

视频监控系统主要作用是将各保护区域发生的实时事件以图像的形式传送至实保中心实保中心操作员查看，同时对图像进行存储，通常视频监控系统具备视频图像查看、录像查询、云台控制、设备管理、授权管理、报警信息显示、与入侵报警系统和通信系统联动等功能，部分视频监控系统也可以提供电子地图功能。

1. 视频图像查看

视频图像查看是视频监控系统的最基本功能，该功能允许实保中心操作人员任意调取所需要查看的前端摄像机的实时图像，也可以同时显示多个前端摄像机的实时图像即多画面显示，还可以供操作人员设置多个常用摄像机作为一个组显示，当注销管理软件再次登录后，只需将显示组显示即可实现多“显示效果”。

实保中心操作员还可以通过分布在实保中心的电视墙查看视频图像并通过管理软件或配套的视频管理键盘对电视墙显示的图像进行切换。

2. 录像查询

录像查询是视频监控系统的基本功能之一，操作人员可以通过管理软件调取一定时间内产生的视频录像，并将录像画面显示到电视墙或工作站，对历史事件进行查询。

3. 云台控制

对于使用了云台或球机的视频监控系统，系统允许操作人员通过管理软件或配套的控制键盘实现对云台或球机上、下、左、右转动，图像拉近拉远等操作，以方便操作人员对更大范围的监视和更细节画面的观察。

4. 设备管理

系统允许操作人员对前端摄像机、管理服务器、存储设备的运行状态实时监测，并允许有操作权限的操作人员对系统内的设备进行增加、删减、变更设备状态操作，如系统允许授权人员变更前端摄像机的名称、编码、图像码流参数，变更视频存储的路径、时间等。

5. 授权管理

系统允许对操作员权限进行分级管理，不同级别的用户分配不同等级的操作授权，如管理员账户可以增减摄像机，修改摄像机编码、名称，变更视频录像存储路径、时间和清晰度等高级权限，一般操作员用户只可以进行实时视频的查看和录像回放，无法对系统内的设备进行任何修改操作。

6. 报警信息显示

视频监控系统包含的摄像机、编码器、解码器和显示器等设备在运行期间产生的视频丢失、通信中断、电源丢失等异常事件信息将同时在实时监控画面进行显示，以提醒操作员系统存在故障情况。

系统同时将产生的事件信息进行存储，并提供报表功能，供对历史事件的查询。

7. 与周界入侵探测系统和通信系统联动

视频监控系统可以与周界入侵探测系统实施动，当核设施周界入侵探测器产生入侵报警信号时，系统可以自动将报警探测器周边的摄像机实时画面投放到实保中心操作员的工作站或实保中心的电视墙上。

视频监控系统还可以与通信系统实施联动，当通行人员通过出入控制设备安装的通信设备与实保中心操作员通话时，系统可以自动将人员所在的出入控制通道的实时视频图像自动投放到实保中心操作员的工作站或实保中心的电视墙上，供实保中心操作员更好地了解现场情况。

8. 电子地图

视频监控系统的电子地图功能相对简单，通过电子地图根据核设施实际情况绘制，将所有前端摄像机按照实际分布集中呈现在实保中心操作员面前，通常与周界入侵探测系统电子地图同时使用，主要供实保中心操作员进行报警复核使用。

3.1.3.3 通信系统

通信系统是用以完成信息传输过程的技术系统的总称。现代通信系统主要借助电磁波在自由空间的传播或在导引媒体中的传输机理来实现，前者为无线通信系统，后者称为有线通信系统。现阶段，铀浓缩工厂或核设施安保人员使用的通信系统主要包括内线对讲系统、无线对讲系统和有线电话系统。正常情况下，通信系统并不是独立存在的，必须和其他系统配合，快速实现通信系统与监控系统的联动，及时与集成系统进行数据交换，显示相关区域的图像，并记录现场图像供实保中心操作员确认。

1. 内线对讲系统

内线对讲系统为一套专用独立的通信系统，作为保证实保中心操作员值班时与现场各出入口门禁以及各岗位之间的通信联络。它是能独立于正常电话及其他通信系统之外的通信网络系统，其主要目的是保证在任何情况下都能有适当的通信手段和功能，以满足有效地实施安全防范的需要。

内线对讲系统是一个独立的内部通信调度网，采用星型结构，扩容方便，能够满足安防使用需求。通信系统通常能够是供足够的通话通道，实现无阻塞通信，保证通话的安全可靠性。

常见的内线对讲机系统由一个交换机箱、多个对讲分机以及一个主控制台组成。在现场任何出入口的对讲分机处，可以通过按压对讲机上的按钮接通实保中心进行通话。在实保中心可以通过主控制台拨号接通现场出入口处的对讲机进行通信。

2. 无线对讲系统

无线对讲系统主要用于安保人员日常巡逻和执勤、核燃料运输、紧急突发事件和重大保卫任务时的现场保卫通信。无线对讲系统具有机动灵活，操作简便，语音传递快捷，使用经济之特点，是实现生产调度自动化和管理现代化的基础手段。无线对讲系统是一个独立的以放射式的双频双向自动重复方式通信系统，解决因使用通信范围或建筑结构等因素引起的通信信号无法覆盖，便于在何时何地精准使用于联络如保安、工程、操作及服务的人员，在管理场所内非固定的位置执行职责。

无线对讲系统主要设备包括手持对讲机、固定对讲机、车载对讲机、信号中转设备、低损耗通信电缆、高增益通信天线及其他信号传输设备。整套系统可以直通、中转、组播、遥控及车载移动等多种方式进行内部通信。

3. 有线电话系统

实保中心一般配置有线电话系统，它可作为内线对讲系统和无线对讲系统的补充，保障通信手段的冗余。此外，当实保中心操作员需要与外部保卫力量联系或请求支援时，可通过有线电话系统快速建立联系。有线电话使用方式与普通电话机使用方法相同。

4. 通信系统日常操作

内线对讲系统、无线对讲系统及有线电话系统各有特点，使用方式不尽相同，在不同情况下，实保中心操作员可根据使用的便捷性进行选择。

- 当实保中心操作员需与现场门禁通行人员沟通时，可使用内线对讲系统点对点对话功能；
- 当实保中心操作员需对全厂各门禁点提醒告知时，可使用内线对讲系统群呼功能；
- 当实保中心操作员需调动现场警卫人员时，可使用无线对讲系统；
- 当实保中心操作员需与外部保卫力量取得联系时，可使用有线电话。

3.1.4 实保中心出入控制

核设施单位的实保中心承担该单位管辖区或的安全保卫管理职能，接受来自现场的保卫信息，指挥调动全厂保卫力量的部署和安保事件的处置。因此，实保中心需保持最高安保等级，实保中心的出入控制也应严格管理。

3.1.5 相关法规对实保中心规定

《核设施实物保护》（HAD 501—02） 导则对实保中心规定如下：

一级和二级实物保护核设施设实保中心，三级实物保护核设施设保卫值班室。实保中心是核设施中安全保卫信息的汇集和管理平台，必须由受过培训并通过考核的警卫人员昼夜值勤。未经授权，其他人员一律不得入内。

3.1.5.1 功能及建筑要求

实保中心一般按最高安全保卫等级进行保护，并严格实施出入口控制。实保中心所在的构筑物为六面坚固的建筑物，包含实物保护设备用房和实保中心用房，设置高防护等级的出入口通道和楼梯进出相关区域。

实保中心是铀浓缩实物保护的信息管理和控制中心，所有与铀浓缩实物保护有关的图像、报警信息、出入控制数据库及实时信息均集中在此处处理和显示并且在应急中作为指挥部使用。

实保中心设有入侵报警系统主机、出入口控制系统管理主机、数字视频控制系统主机、对讲主机、大屏幕实时动态显示屏、监视器组及数字网络录像机等设备，并配备有线和无线通信设备。与保卫部门领导、主管、各出入口警卫人员、执勤巡逻人员及地方公安部门保持通信联系，交换安全保卫信息，传达指令等。实保中心：

图 3-1 实保中心示意图

3.1.5.2 设备和性能要求

实保中心内的设备主要有保安控制台、主机柜、系统服务器、各系统工作站、监视器组、安保内线对讲主机、巡更系统主机等。

实物保护系统的集成管理平台将入侵报警系统、出入口控制系统、视频监控系统、安保内线对讲系统、保安照明系统、保安供电系统、接地系统等很好地集成为一体，各系统通过计算机网络技术互联，形成一套功能完整、界面统一、数据库共享的安全防范系统。入侵报警系统能够接收周界入侵探测设备的报警信号，用电子地图准确显示报警的区域位置，并发出声光报警信号。视频监控系统能显示和记录入侵报警系统发出的报警区域图像，以实现报警事件的快速复核；同时视频监控系统还能显示出入口控制系统发出报警的位置的图像，以实现快速确认。保安内线对讲系统可为出入口控制系统正常运行和紧急情况的通信联络提供手段，方便消防疏散和应急计划的实施。安保照明系统给夜间巡逻人员和视频监控设备提供照明。实保供电系统和接地系统给实保系统电气设备提供用电和安全防护。构成实物保护系统的各系统通过计算机联网构成一个整体，但各系统在系统连接蔽障时均可作为单独的系统独立使用，各系统的结构保持完整，不降低系统的功能和性能。为了确保实物保护系统信息传输安全，实物保护系统集成管理平台在物理上尽可能与外部计算机网络完全隔离，以防范来自外部网络的攻击。

3.1.6 信息安全管理

随着信息技术的发展和 Internet 技术的广泛应用，信息网络成为社会生活中不可缺少的一部分，人员对信息网络的依赖程度日益增加，与此同时，网络安全威胁也变得越来越严重，因此保障网络安全的相关措施变得十分重要。

3.1.6.1　网络安全威胁

网络存在着各种各样的安全威胁，常见的有自然灾害、网络系统本身的脆弱性、用户操作失误、人为的恶意攻击、计算机病毒、间谍软件、计算机犯罪等。

1. 自然灾害

计算机系统是一个智能的机器，容易受到自然灾害及环境的影响。一般的计算机在使用过程中都没有防震、防火、防水和防电磁炮干扰等措施。

2. 网络系统本身的脆弱性

Internet 技术的特点之一就是开放性。然后这种中开放性，从安全的角度上看，反而成为了易于受到攻击的弱点。加之 Internet 所依赖的 TCP/IP 协议本身的安全性就不高，运行该协议的网络系统就存在欺骗攻击、拒绝服务、数据截取和数据篡改等威胁。

3. 用户操作失误

用户安全意识不强，用户口令设置简单，用户将自己的账号随意泄露等，都会对网络安全带来威胁。

4. 人为的恶意攻击

这种攻击是计算机网络面临的最大威胁。恶意攻击又可分为主动攻击和被动攻击两种。主动攻击是以各种方式有选择地破坏信息的有效性和完整性；被动攻击是在不影响网络正常的情况下，进行截取、窃取、破译以获取重要机密信息。这两种攻击均可对计算机网络造成极大的危害，并导致重要的数据泄漏。现在使用的网络或多或少存在一定的缺陷和漏洞，网络黑客们通过常用的非法入侵重要的信息系统的手段，窃听、截取、攻击敏感的重要信息，修改和破坏信息网络的正常使用状态，造成数据丢失或系统瘫痪。

5. 计算机病毒

计算机病毒是可存储、可执行、可隐藏在可执行程序和数据文件中而不被人发现，触发后可获取系统控制的一段可执行程字，它具有感染性，潜伏性、可触发性和破坏性等特点。计算机病毒主要是通到过复制文件、传送文件和运行程序等操作传播。在日常中禁止外来存储设备或网络设备连接服务器。

6. 间谍软件

间谍软件的主要目的是窃取用户信息，威胁用户稳私和计算机网络安全，并可能小范围地影响系统性能。

3.1.6.2　计算机网络信息安全防护策略

计算机网络信息安全受到威胁，但采取适当的防护措施就能有效地保护网络安全，常用的防护策略有以下几种。

1. 加强用户账户的安全

用户账户的涉及面很广，包括登陆账户、网上银行等应用账户，获取合法的账号和密码是黑客攻击网络系统最常用的方法。首先对系统登陆账户设置复杂的密码，其次尽量不要设置相同或相似的账号，尽量采用数字、字母、特殊符号的组合方式设置账号和密码，且应尽量设置长密码和定期更换。

2. 安装防火墙和杀毒软件

网络防火墙是一种用来加强网络之间访问控制，防止外部网络访问内部网络资源保护内部网络环境的网络互连设备，它是两个或多个网络之间的传输数据包安装一定的安全策略来实施检查，以确保网络之间的通信是否被允许，并监视网络运行状态。根据防火墙所采取的技术不同，分为包过滤型、地址转换型、代理型和检测型。

随着计算机网络的不断发展，攻击手段也不断变化，传统的依靠防火墙和加密等手段已经不能满足网络安全要求，需要不断的对网络安全进行评估，建立网络安全防范体系，降低网络安全威胁，保障网络信息安全环境。

3.1.6.3 实物保护系统的计算机网络安全管理

实物保护系统的计算机网络与普通的互联网络体系不同。实物保护系统的计算机网络一般为物理独立的计算机网络系统，网络架构的交换机和工作站等节点一般设置在较高保卫层级的保卫区域或房间内，由安全保卫人员对设备进行管理，外部人员连接网络较为困难，虽然实保护系统的计算机网络有其自身的抵御威胁的特点，其安全也存在一定的风险，系统用户和管理人员需要关注以下措施：

计算机网络中的节点设备一般安装在机箱或机柜内，为防范无关人员打开，可对机箱或机柜进行上锁管理，计算机网络账户的密码尽量设置成较长和复杂的密码，并定期更换。

3.2 实保中心报警信息与处理

3.2.1 出入控制类报警信息与处理

3.2.1.1 防返传冲突报警

为达到掌握人员进出区域信息的目的，各核申要求实行“一人一点、一次刷卡只限通行一人、禁止借用和将通行卡借给他人”的规则，通过设置防返传，来发现和阻止夹带他人通行、穿越保卫边界的事件发生。

1. 防返传的定义

从狭义上说，防返传是指系统在持卡人成功进行一次某区域的进出操作（用户可自定义选择系统接收读卡信号算进出或推门后的反馈信号算进出）后，禁止在该区域的同级门处进行相同方向的进出请求；广义的防传定义为系统禁止持卡人所持通行卡所在区域与读卡器退出区域（或门的起始区域）冲突时的进出请求，此种定义方式下，不存在严格意义上的同级门，而是存在退出区域相同的读卡器（或起始区域相同的门）。

2. 防返传的原理

在系统上防返传的实现原理即持卡人刷卡后，系统比对记录的通行卡所在区域与读卡器配置的退出区域是否一致。若一致则系统允许通行，推门反馈信号上传后更新通行卡所在区域为读卡器配制的进入区域否则不进行更新；若不一致则拒绝通行，并出现防返传冲突报警。

3. 防返传的原因

引起防返传冲突的原因很多，主要可归结为以下几类：

a. 持卡人甲刷卡后推门造成反馈信号上传但实际未进入，则再次刷卡时返传；

b. 持卡人甲刷卡后推门进入，反馈信号上传，甲将卡递给外面的乙，乙再刷卡时返传；

c. 持卡人甲在 1 号门处未刷卡从厂外进入控制区，被他人夹带、尾随他人从电磁门通过等，在其他门处刷卡（如读卡器 B/C 等）时则会返传；

d. 持卡人甲在 1 号门处刷卡后推门进入，但反馈信号异常，系统未更新甲的通行卡所在区域，当甲在其他门处刷卡（如读卡器 B/C 等）时则会返传。

e. 边界封闭不到位，如本该设置隔离的地方未设置、电磁门故障未吸合等，人员直接穿越边界，导致通行卡实际所在区域改变，而系统记录的状态未变，下次刷卡时发生防返传报警。

4. 防返传冲突报警的后果及处理方式

当出现防返传冲突报警时，首先应通过查询返传报警的通卡的通行记录、持卡人通行时的视频、持卡人的口述等多种方式，找到造成返传然后再做处理。此功能只适用于单人通过的通道。

对于上文中情况 a 引起的返传，不会存在不明身份的人员进出的现象，故不会对铀浓缩工厂的安全造成威胁，属于对厂区出入控制程序不了解或不遵守的案例。若这种案例出现较多，则应由保卫人员加强对出入厂区的人员的培训和宣贯，在出入口张贴标志，提醒和警示所有出入人员。必要时采取一定的惩罚措施，以儆效尤。

对于上文 b、c 情况引起的返传，情况较为恶劣，这种现象会导致无授权人员进入某区域，对核设施的安全存在威胁。应在发现的第一时间派出现场警卫，控制持卡人及其同伙，作为保卫异常事件，告知保卫科值班员，听从其指示处理。

对于上文情况 e 引起的返传，会极大的干扰现场正常的通行状况，更重要的，会存在很大的安全隐患。例如，1 门的读卡器反馈信号故障，则持卡人甲在通过读卡器 A 进入控制区后，其通行卡所在区域仍为厂外，将卡递出后可让其他人刷卡再依次通过，这就给无授权人员通行创造了条件，甚至让蓄意破坏铀浓缩设施的人通过这种方式混进来。因此，一旦发现反馈信号故障时，应立即上报保卫值班员，核实身份和授权后重新通行。对已经造成返传的人，若能核实其确实是因为刷过反馈信号故障的门后引起的，则直接对其进行一次返传豁免放行，以免造成人员在出入口拥堵。保卫值班员接到反馈信号故障的通知后，应尽快协调进行维修，恢复该通道的正常功能。

对于上文情况 d 引起的返传，在边界上存在漏洞，存在极大的安全隐患。应立即上报保卫值班员，并派人前往核实验证。若不能找到该未封闭点位置，应让通行卡返传者协助到达该地点。对已返传者，在核实身份和返传原因后，可予以一次返传豁免放行。

3.2.1.2　胁迫报警

企图破坏核设施的人，也会想尽各种办法希望能够进入核设施里面，比如从薄弱点翻越周界、强行冲撞等，还有本节即将提到的通过挟持他人、蒙混过关的方法。假如有恶意破坏分子“甲”挟持身份正常的员工“乙”，则“乙”可以利用胁迫密码的功能，在“甲”无法知觉的情况下，向实保中心发出胁迫报警，寻求警卫站的帮助。

1. 胁迫报警的定义

针对每张通行卡，系统均设置有专用的报警密码，当持卡人遭人胁迫的情况下，在刷卡通行时只要输入相应的胁迫密码,系统便能自动识别所持卡人的被胁迫报警信号及其所在位置，并明确在电子地图上直观显示出来。

2. 胁迫报警的原理及特点

胁迫报警通过系统比对通行时实际输入的密码与设置的胁迫密码是否一致来实现。在刷卡通行输密码时，若输入正常密码，则系统放行；若输入密码有误，则在警卫工作站提示密码错误；若输入胁迫报警密码，则弹出胁迫报警和持卡人资料，实保中心发生声光警报，并弹出发生胁迫报警位置的电子的和类动视频。根据采用的实物保护系统集成管理平台存在一定差异。

3. 胁迫密码的使用情况及处理方式

当持卡人“乙”被恶意破坏分子“甲”胁迫，要求与其同行进到核设施某区域时，“甲”可在刷卡通行时输入胁迫密码，触发胁迫报警；当“甲”胁迫“乙”要求其将通行卡给自己，然后“甲”独自进到核设施某区域时，“乙”可告诉“甲”自己通行卡的胁迫密码，让甲在不经意间触发胁迫报警，警卫核实身份后将其控制，终止其破坏行动。

胁迫报警是级别很高的一类报警,可能直接威胁到被胁迫者的人身安全和厂区重要设备的安全，应给予优先处理。当胁迫报警发生时，实保中心操作员应利用弹出的身份卡资料弹窗第一时间掌握胁迫报警通行卡的信息,通过联动的视频和电子地图掌握持卡人的位置和相貌、穿着等特征,并通知现场警卫先将持卡人及与其贴身的人控制住,防止其逃脱,再与现场警卫配合，核实持卡人是否与通信卡信息一致，查明产生胁迫报警的原因：

若被控制的人所持通行卡为本人的通行卡，一般情况下为持卡人不知道胁迫密码的用途误输入，可对其进行口头教育后解锁系统自动闭锁的通道，让其刷卡输入正确密码后通过。

若由这种原因引起的胁迫报警较多,则证明仍有较多人不了解胁迫报警的使用方法和用途，应反馈给安全保卫管理员，由安全保卫管理员加强宣贯和普及，必要时采取一定的惩罚措施，让更多人知道胁迫密码的意义，尽量减少误报。

若被控制的人中，存在所持通行卡不是本人的通行卡的人，应立即将此人与其他人分开控制，其他人核实身份无误后可放行让其离开。对使用他人证件的人，现场警卫加强控制确保其无法逃脱，同时报安全保卫管理员，听从安全保卫管理员安排处理。

3.2.1.3 门未关报警

出入通道在非应急情况下应当处于常闭状态。任何人员和车辆进出时都应当凭借有效的通行证件打开通道门,开门后也应当迅速通过并及时关闭人员或车辆通过后没有关闭厂房门和周界门，可能会导致无授权人员通过厂房门和周界门。若无授权进入厂房或周界内的人员怀有恶意，则很可能给核设施或核设备造成巨大的破坏，甚至导致无可避免的巨大后果，即使误入周界或厂房的人员没有心怀恶意，也可能因为不熟悉厂房情况等原因而使人身和设备处于安全风险之中。

电磁门上安装有门磁，系统根据门磁开闭时发出的信号来判断门的开关状态，门磁可分为两部分，一部分安装在固定的门框上，一部分安装在开闭的门体上。当电磁门处于关闭状态时，门磁的两部分合在一起门磁内部继电器闭合导致短路，系统即收到关门信号；当电磁门处于打开状态时，门磁的两部分分开，门磁内部继电器断开导致断路，系统即收到开门信号，当人员通行时，使用有效身份卡在读卡器上刷卡后打开电磁门，此时门禁系统收到电磁门打开时门磁产生的开门信号。系统对门的开门时间做出了限定，超出此限定时间即被认为是开门超时。当系统收到开门信号后，内部计时器即开始计时。若计时器计时结束后，系统还未收到门磁闭合发出的关门信号，则系统发出门关报警；若计时器计时结束前即收到门磁闭合发出的关门信号，则此开门动作正常完成，不产生报警信号。

旋转类门体通过可推动的转动门扇或门闸棍来实现门里外的隔离，常见的代表性的旋转类门体有三角闸和旋转门。当人员刷卡通行时，推动门扇或门闸棍，门体中的转动部件在转动过程中，触发内部传感器发出开门信号。当人员完全通行后，转动部件转动到指定位置，触发内部的另一个传感器发出关门信号。与电磁门类似，系统也对旋转类门体的开门时间做出了限定，从接收到开门信号到接收到关门信号之间的时间如果超过了系统限定的时间就会发生门未关报警。

实物保护系统工程师可以根据现场实际情况对这些门体的开门的限制时间进行调节，也可以永久取消或在某些特殊情况下暂时屏蔽某个门未关报警。

现场有很多情况可以导致系统产生门未关报警。主要原因有，门磁变形、门体变形和异物阻挡等可以造成电磁门和大铁门不能完全关上，门磁不能完全吸合，导致系统不能接收到关门信号；门磁故障可能导致门虽然关上了但是却不能够给系统发出正确的关门信号；系统的控板卡故障可能导致门磁发出的信号不能被接收和识别，从而导致系统误报警等。而导致旋转类门体门未关报警的原因可能有：门体旋转部件被异物卡死导致旋转部件不能够旋转到指定位，人员通行时携带大件物品卡死旋转门扇或门闸棍，导致门扇和门闸棍的位置一直维持在正在通行的状态；内部传感器故障，导致关门信号不能够被触发；控制板卡故障，导致信号不能够被正确的接收等。

通过系统培训及现场实际的工作经验，实保中心操作员应当能够熟知造成各种门产生门未关报警的原因，并能够根据现场的实际情况对产生报警的原因进行初步的判断，然后针对不同类型的原因采取不同的方式处理门未关报警。

发现门未关报警时，首先，实保中心操作员应当立即确定报警中未关闭的门的位置，并通过查看视频等方式迅速查看正在报警的门的现场状态，然后针对不同的情况做出正确的应对措施。

若未关闭的门附近存在可疑人员故意阻止门关闭，应当立即指派警卫人员前往现场进行调查。通过与警卫人员的核实，首先确定其是否为接受了实物保护工程师指派进行现场设备维护的检修人员，若不是，则应当按照相应的响应流程进行处理；若是，则应当对其人员及工作内容进行登记，并在其工作期间时刻关注此处的现场状况。

若无人员在现场，需要指派警卫人员去现场查看实际情况。若门未关报警的原因是人因造成，例如现场有人故意遗留下的工具不使门关闭，应当由赶到现场的警卫人员当场处理，实保中心操作员应当通过视频回看等方式调查报警前一次门被打开时的情况，确定造成门未关闭报警的责任人，报告实物保护工程师并对存在违规行为的人员进行处理；若经过实地的测试后发现门未关报警的原因是设备（门磁、闭门器、板卡等）的故障，及时报告实保中心指派维修人员进行处理。

3.2.1.4 读卡器上锁报警

设置人员和车辆通道的目的是保障人员和车辆的顺利出入，但有些特殊情况下，却需要禁止人员通行。在这种情况下，就需要将读卡器闭锁以禁止通行的目的。

人员和车辆通道的进出都需要刷卡通行，进出方向都有读卡器，实保中心操作员可以根据现场的实际情况实现批量的读卡器闭锁、解锁和单个的前端读卡器闭锁、解锁。通过闭锁、解锁不同的读卡器实现对整个区域出入口或某出入口的单方向进行控制。

现场的很多情况需要在一定区域内禁止人员通行，如：出入口辐射探测器检测到辐射计量超标，很可能是探测器附近的某人或某车辆携带了放射性物品，为保证人员和放射源的安全，需要禁止该区域人员和车辆的进出，等待辐射防护人员前来处理。这种情况下需要该区域出入口进出方向的所有读卡器全部闭锁；若某区域需要进行探伤作业，为保证人员安全，需要禁止工作不相关人员进入探伤区域，此时需要闭锁该区域进方向读卡器，以防人员误闯探伤区域。

不同的控制系统中，还可能有一些行为会导致读卡器闭锁，例如：人员刷卡后多次输错密码或多刷卡输密码后未通行、人员多次在读卡器上输入无意义的号码却不刷卡、读卡器所在通道很长时间没有人员通行、读卡器或读卡器所在人员通道被受到外力的强力破坏等。

以上几种读卡器闭锁的例子中，辐射探测器报警时需要在发生报警之后迅速实现读卡器的闭锁，由系统自动闭锁相应的读卡器；人员的误操作或违规操作等造成的读卡器闭锁也是由系统根据预先设定好的程序判断后自动实现闭锁的。这种类型的读卡器闭锁动作，是由现场的异常情况引发的、由系统自行判断后自动进行的动作，而不是由系统操作员主动进行的操作。读卡器在这种情况下被闭锁后，系统会发出读卡器闭锁报警。而在探伤等情况下的读卡器闭锁则是被实保中心操作员认可的且由系统操作员主动进行的操作，是系统正常的日常操作，不属于异常情况，门禁系统不对此进行报警。

若遇到因为人员在读卡器上误操作导致的读卡器上锁报警，保卫控制中心操作员应当迅速联系联系现场警卫人员，确认引发读卡器上锁报警的人并进行调查。现场警卫人员应当通过问询、查看视频录像等方式确定人员引起读卡器上锁的具体操作行为及其进行这种操作的原因。若引发读卡器上锁的原因为多次输错密码，则应当要求当事人出示身份证件并将其与系统中记录的信息对应，核实是否是当事人正在使用他人通行卡。若核实后发现当事人系使用他人通行卡，现场警卫人员应当将结果告知实保中心操作员，并按照相关流程处理；若核实后发现当事人使用的是自己的身份证，则应当继续调查其忘记密码的原因，并帮助其找回密码。若引发读卡器上锁的原因为输入无意义号码、刷卡却不通行等，应当在了解其作出这种行为的原因后按照相关规定处理。

若读卡器上锁的原因是其所在的通道正在遭到外力破坏，则实保中心操作员应当立即将情况上报并按照相应的处置流程进行处理。

除了上述几种报警原因外，更为常见的报警原因是辐射探测器报警引发的读卡器上锁报警、辐射探测器通过探测周围的辐射剂量水平来检测放射性物，当有辐射剂量超标的物品进入探测器检测的范围，辐射探测器就会报警，除了放射源和放射性废物会引发辐射探测器报警外，天然的物品也可能引发辐射探测器报警，例如一些建筑材料。辐射探测器与门禁系统联动，辐射探测器的报警时会产生一个报警信号传送至与之相关的门禁控制板卡中，直接导致与之相关联的读卡器自动闭锁，通过禁止人员进出来防止放射性物品丢失的目的。

若遇到因辐射探测器报警引发的读卡器闭锁报警，现场警卫人员应当在发现辐射探测器报警后立即控制所有可能引发报警的人员或车辆，向现场人员解释当前状况，避免引起恐慌，并引导现场其他无关人员原地等待或绕行其他出入口。实保中心操作员应当及时联系辐射探测器的管理人员赶往现场进行测量处理。若辐射探测器管理人员检查后发现引发报警的人员和车辆存在私自携带放射性物品的违规行为，实保中心操员及现场警卫应当及时报告上级，并按照上级指示并配合辐射探测器的管理人员进行相应的处置；若辐射探测器的管理人员检查后确认现场人员和车辆均不存在违规行为，在辐射探测器的管理人员确认同意后，实保中心操作员可以解锁被锁定的读卡器，恢复读卡器的正常使用。

3.2.1.5　无效通行卡/个人密码报警

1. 无效通行卡/个人密码报警定义

无效通行卡报警是指在门禁处刷卡后因某种特定原因被门禁系统判定为无效通行卡，系统显示无效通行卡报警并拒绝本次通行请求。根据系统平台的不同和核设施管理要求的不同，这些特定原因可能有差别，但大体上包括通行卡为停用卡、通行卡的授权级别不够的通行卡存在某种异常通行记录这三种情况。个人密码报警是指在门禁处刷卡后因实际输入密码与该卡在系统中设置的密码不一致，被门禁系统判定为密码错误，继而显示个人密码报警并拒绝本次通行请求。

2. 无效通行卡/个人密码报警原理

每张通行卡都对应一个卡号，就像我们每个人对应一个身份证号码。每张通行卡在开通时都根据领用人的工作区域、工作时间等设置了通每张通行卡有效期、通行卡授权级别、个人密码和个人照片等信息，所有相关设置的数据被写入门禁系统的数据库，通行卡在门禁处读卡后，前端读卡设备将读取到的数据传递至后端智能控制器，经过解密后获得该通行卡的卡号，然后从数库查询该卡号具备的有效期、授权级别、个人验证码、个人照片、最近一次读卡记录和通行卡的状态等一系列信息，接着，将查询到的各项数据与本次读卡时刻、本次读卡门禁地点、实际输入密码进行比对，其中：

- 若通行卡状态为停用，则无需继续比对，直接判定为停用卡，继而显示为无效通行卡；
- 本次读卡的门禁地点不在通行卡授权级别范围内会被系统判定为级别不够，继而显示为无效通行卡；
- 本次读卡时刻距离该卡最近一次读卡记录超过 30 天或更久会被系统判定为存在异常，继而显示为无效通行卡；
- 实际输入密码与数据库中写入的个人密码不一致会被系统判定为个人密码错误，继而显示为无效通行卡。

3. 可能存在的影响、后果

通行卡是根据每个人的工作区域发放的，意味着只有一批经过信息审核后的人可以进入某些保卫区域，我们对这些人的政治背景、个人信息等情况有清晰的掌握，可以排除对核设施有潜在威胁的人员。

然而一旦出现通行卡丢失后被别有企图的人员捡到，并且失主未挂失；别有企图的人员拿着从某种渠道获得的有效通行卡想要混入核设施某保卫区域的情况，我们对这些对核设施有潜在威胁的不法分子蒙混过关的可能性，那将是巨大的灾难，试想恐怖分子在得有效通行卡并知悉密码或尝试多次试出正确密码的情况，这种突破保卫边界的情形是很不容易被察觉的，将给恐怖分子充足的时间去完成犯罪目的。

知悉密码这种情况只可能发生在存在内部敌手的情况下，内部敌手的防范有一定难度，但我们可以做简单有效、力所能及的另一项工作就是认真对待每一个无效通行卡/个人密码报警，及时发现通行卡异常情况并进行相应处将大大减小保卫边界失效的可能。

4. 实保中心操作员的响应

出现无效通行卡/个人密码报警后，实保中心操作员首先要看清报告的位置和所属区域，快速查询该通行卡以及持卡人的信息、要看该通行卡为什么是无效通行卡，属于上述四种情况中的哪种查看信息时关注点如下：

该卡为停用卡，则立即通知就近的现场警卫进处理，对该人员进行查卡并通过对比本人与照片核对身份，确认该人员为该行上持卡人后，告知其通行卡被停用，如有工作需要进入厂区需重新办理证卡业务；若该人员非该通行卡持卡人，则立即控制该人员并报告保卫工作人处理。

该卡通行级别无效，立即通知就近的现场警卫人员进行处理，对该人员进行查卡并通过对比本人与照片核对身份，确认该人员为该通行卡持卡人后，询问其为什么不清楚自己的授权级别，告知其无权限进入此区域并要求其离开；若该人员非该通行卡持卡人，则立即控制该人员并最告保卫工作人员处理。

该卡为一个月未入厂的情况，通过内线对讲点对点呼叫该人员，询问其一个月未入厂的情况报告，并通过视频验让是否为持卡人本人。若非本人则立即通知现场就近警卫控制该人员并报告安全保卫人员处理。

如果判断为个人密码输入错误，观察个人密码报警次数，若该通行卡连续出现三次或三次以上密码错误，则立即通知现场就近警卫人员控制该人员，同时在系统上对该通行卡进行停用操作，然后现场警卫人员对该人员进行身份确认，对其连续输错密码进行询问，确认该人员为该通行卡持卡人且对输错密码有合理解释后，让其更换其他门禁进行一次尝试，若仍然密码错误则控制该人员并报告安全保卫工程师处理，若该人员非该通行卡持卡人，则立即控制该人员并报告安全工程师处理。

3.3 铀浓缩工厂安保突发事件应急处置

实保中心作为核设施安全保卫工作的核心岗位，不仅负责日常保卫监控及实物保护系统操作，在现场发生安保突发事件时，其同样担负指挥部的职责。

3.3.1 铀浓缩工厂安保突发事件

铀浓缩核设施安保突发事件主要是指突然发生可能造成或者已造或严重社会危害、发生的危害核设施和核材料及核设施工作人员的人为危害安全事件。突然发生需要采取紧急处置措施予以应对的自然灾害、事故灾难、公共卫生事件和社会安全事件这类事件。保卫人员主要是配合营运单位主管部门处置。

3.3.1.1　安保突发事件的特点如下

1. 突发性

事件发生的真实时间、地点、危险难以预料。

2. 危险性

事件给人民的生命财产或者给国家、社会带来严重危害。

3. 紧迫性

事件发展迅速，需要采取非常态措施、非程序化作出决定，才可能避免局势恶化。

4. 不确定性

事件的发展和可能的影响往往根据既有经验和措施难以判断、掌控，处理不当就可能导致事态迅速扩大。

3.3.1.2　安保突发事件范围

从目的、效果和实施手段等方面分析，针对核设施安保突发事件主要有以下几种类型：

1. 直接以核设施本体以及安全系统为目标进行破坏性袭击，如：

（1）使用军事器械攻击（空中、陆地、水下）核设施或安全系统；

（2）使用无线遥控设备安装爆炸装置或使用汽车炸弹冲击核设施；

（3）恐怖分子攻入或渗入核设施重点部位使用或威胁使用爆炸装置；

（4）武力控制核设施控制中心；

（5）对核设施关键人员进行伤害性活动，间接威胁核设施安全；

（6）使用生物剂传播疾病，致瘫核设施的运行控制人员；

（7）在水源、食品源等投毒，造成大面积中毒事件。

2. 由民众发起的针对核设施的群体性事件，如：

（1）反核示威游行；因征地赔偿问题而阻扰核设施正常运行或施工；

（2）因劳务纠纷而引起上访或滋事行为；

（3）攻击核设施计算机信息系统，危害核设施安全运行；

（4）袭击核燃料运输车辆，制造核污染事件；

（5）在核设施及周边制造爆炸、火灾等常规性事件，利用核设施的影响制造核恐怖事件；

（6）在核设施及周边区域使用“脏弹”制造核污染事件；

（7）利用电话、传真等通信手段威胁破坏核设施。

3.3.2　报警信息与处理

实保中心操作员在应对突发事件过程中，主要承担了信息获取、信息通报、现场监控、实物保护系统设备干预项及实保中心构筑物警戒等职责。同时在应对不同类型的安保突发事件时，所采取的行动有所差异。

3.3.2.1 突发事件接警

1. 突发事件接警概述

铀浓缩核设施单位设有安保事件、核事故事件的指挥中心，设置了内部统一便捷的报警手段和固定的接警中心，以实现应急情况下快速报警和响应。接警中心通常为24小时有保卫人员值班的实保中心。

使用统一报警号码后，应急事件接警中心接警后再按照各自的流程进行响应。这样一套运作体系，显然对于报警人员来说更加方便，省去了记忆多个报警号码的麻烦，报警更加方便快捷。

2. 突发事件报警系统的结构

报警系统的典型组成结构比较简单，主要由三部分组成，前端的通信终端、中间的传输网络和后端处理设备及附属设施等，通信终端即固话或个人手机、传输网络就是普通的电信语音及内部数据传输网络。该系统的核心部件为后台的处理设备，主要有语音交换机及数据交换机，用于识别报警类型，完成报警电话的分配转接、调度等。

3.3.2.2 信息获取及处置

1. 突发事件接警响应

实保中心突发事件报警的接警中心，流程大致有以下几个方面。

判别是否为有效电话：需要识别是否是异常情况，分析报警类别。

填写固定的接警记录：向报警人了解详细信言息，填写接警记录，包括记录报警人的身份及联系电话，事件发生的地点，详细情况，分析可能的敌手情况识别事件中危险因素等。快速获取事件信息越详细，对事件处置越有利。

（1）事件报告：甄别事件大致类型，确定事件属于内部哪类事件，将报警信息报告保卫部门主管人员，同时立即指挥内部保卫人员按照相应预案处置。

（2）指挥处置：通知保卫主管领导及内部警卫人员进行处理后，立即调取相关区域的视频查看现场事件的情况，通知现场所有岗位做好应急准备及警戒；利用监控对现场响应人员做好指挥引导。

（3）事件结束：确定事态已经被控制或有效缓解且不存在其他危险因素后，通知各岗位警卫人员事件结束，恢复现场。

2. 接报警

为建立现场人员对于安保突发事件报告畅通的渠道，应在实保中心设置24小时接警电话，为方便现场人员记忆和察觉到，该号码应设置为便于人员记忆的核设施内通信号并在核设施内明显位置张贴报警电话信息，实保中心内接警电话机建议选择红色或特殊颜色，设置并固定在报警台上指定位置，接警电话旁应放置接警记录本或对接警电话进行录音处理。

接警后操作员应按照以下步骤接收报警信息：

（1）操作员说明接警岗位，询问对方来电用意；

（2）操作员询问对方突发事件发生地点、人物事件动向，询问是否有人员受伤或设施设备受损；

（3）提醒报警人做好自我保护；

（4）在接警过程中，操作员应在接警记录本上记录接警信息，便于后期准确报告。

3. 实保中心操作员主动发现现场异常的途径

第一种：通过实物保护系统主动探测设备被触发报警，发现现场异常。

当现场探测器被触发报警后，实保中心将会发出声光报警，操作员警觉后立即通过实物保护系统平台报警栏目、电子地图发现报警点，与此同时，报警点相对应的监控画面也将投放到实保中心监控画面上。此时，一名操作员可以对监控画面进行复核，确认报警是否人为引起，第二名操作员可以利用附近视频监控设备对报警区域周边情况进行监视。一旦发现报警是由人员引起的，实保中心操作员应将该异常情况定位为突发事件，从而进入报告流程。

第二种：通过现场保卫人员人为报警，发现现场异常。

在实物保护系统执行探测、监控工作的同时，现场仍需设置一定的固定、巡逻保卫人员，对出入口和关键部位进行人防守卫。当现场出现异常，未触发实物保护系统或系统设备故障的情况下，现场保卫人员会通过保卫通讯手拔问实保中心汇报现场情况，实保中心操作员接到报告后，可利用事发区域监控设备对该区域进行专项监视，随时掌握现场异常情况和现场情况向现场保卫应急力量提供现场状态信息。同时，保卫控制中操作门禁类实物保护系统设备进行人为干预。

第三种：通过现场其他工作人员报警，发现现场异常。

实保中心会收自现场其他工作人员的报警电话。若实保中心操作员接到现场人员报警电话，需按照既定的接警记录单将接警信息记录下来，然后通知现场保卫或应急保卫人员赶到事发现场进行处理，过程中实保中心全程监控，直到事件处理完成，在执勤记录本上对该事件进行记录。

3.3.2.3　信息通报

实保中心操作员接到或发现突发事件警情后，立即将信息通报现场保卫应急响应力量、核设施安保主管人员，必要时操作员将突发事件及时报告给外部保卫力量（如当地武警部队、公安局等）。为保障报告的及时性，在确保报告信息一致性的前提下，实保中心操作员可分多人同时间外部报送信息。

在信息通报过程中，要说明事件基本信息，主要包括：

- 事件发生时间、地点、涉及人员（数量、携带武器或工惧、交通工具等）；
- 安保突发事件危害或潜在威胁，以及已造成的损失（人员伤亡、设备设施损坏等）。

在初始信息通报过程中，以及后续突发事件处置过程中，实保中心操作员都应一致保持对事发现场及整个核设施保持严密监控，随时把现场最新动态通报至保卫应急响应力量。

3.3.2.4　现场监控

在发生安保突发事件时，实保中心操作员应将事件发生区域、事件延伸区域、核设施重点保卫区域及核设施各主要出入口监控画面投放至实保中心主监控画面上。

通过对事件延伸区域的监控，可以监视到事发现场突发事件发展趋势和情况，并及时通报。通对核设施重点保卫区域核设施各主要出入口的监控，可以随时掌握核设施核心区域及各出入口保操作员在执行以上操作动作时，还应及时监控现场响应保卫力量的动向、影像和处置行动情况，随时向安保突发事件处置指挥部汇报情况，为指挥部作出处置指令提供参考。

实保中心操作员在进行突发事件响应工作时，还应分配一定人员关注核设施其他非事发区域的实物保护系统运行情况，以应对现场可能同时发生的突发事件。为做好这一点，在相关预案总应明确实保中心操作在现场同时发生一起至两起突发事件时如何进行分工，降低出现监视、操作混乱的风险。

3.3.2.5 实保中心构筑物警戒

由于实保中心是核设施实物保护系统的核心设备存放区域，且保卫控制中心操作员是实物保护系统运行的专职人员，所以实保中心操作员在突发事件发生后应立即启动对实保中心所在构筑物的警戒工作，主要包括以下动作：

1. 通知现场保卫力量，在实保中心所在构筑物四周建立警戒区域，严禁无关人员进入或接近实保中心所在构筑物区域。

2. 对实保中心所在构筑物出入口门禁进行上锁，必要时可派一名操作员对实保中心所在构筑物门禁闭锁情况进行实地检查。将实保中心所在构筑物周边及出入口监控画面调出，随时监控构筑物周边及出入口情况。

3. 对需进入实保中心所在构筑物的人员进行人脸识别，并要求其说明进入意图，在放行人员进入构筑物前，应将信息报告给现场安保突发事件处置指挥部。

实保中心操作员原则上在安保突发事件处置过程中，不得离开实保中心操作室，避免在外部遭到挟持并威胁其进入实保中心室。

4. 实保中心操作员应将中心内防暴装备取出，放到可随时获取的位置，当实保中心遭受攻击时，操作员应立即向现场保卫力量发出警报，请求支援。

5. 当外部袭击涉及放射性物质泄漏时，保卫控制的中心操作员应佩戴个人防护装备。

3.3.3 核应急状态下实保中心工作模式

厂区核应急状态下，当实保中心所在厂区进入应急状态时，实保中心警卫应与厂区其他非应急人员一起撤离厂区；若实保中心为应急支援，在核应急期间，控制中心警卫人员应利用监控、门禁系统的操作，对现场进行应急响应予以支持。

3.3.4 应急演练

为提高在突发事件处置时的各方人员密切配合协调能力，运营单位每年至少组织 1 次联合演练，为进一步提高演练有效性，各处置单位应该组织处置人员培训，同时在联合演练时最好不使用脚本只对演练时间提前通知，总指挥到达指挥中心后现场出演练项目，处置人员根据预案由指挥人员根据现场情况随机指挥，以达到提高演练真实性。通过演练相关部门应该做好总结不断提升处置能力。

第4章

铀浓缩工厂实物保护风险分析

4.1 实物保护风险分析概述

4.1.1 实物保护风险的定义

实物保护是指为防止入侵者盗窃、抢劫或非法转移核材料蓄意破坏核设施所采取的保护措施。实物保护风险是指核材料被非法转移或核设施被破坏所造成后果的严重程度。风险值是该种后果严重程度的量度。实物保护风险分析是指对核材料被非法转移或核设施被破坏所造成后果进行分析和评估的过程。

4.1.2 风险分析在是实物保护体系中的位置

实物保护系统是指采用探测、延迟及响应的技术和能力，防止敌手盗窃、抢劫或非法转移核材料，以及阻止敌手蓄意破坏核设施所采用的安全防范系统。实物保护系统由探测、延迟和响应三要素组成。

探测是指使用基于不同技术的周界及室内探测设备发现异常事件，并经过视频等复核方式确认报警事件。

延迟是指通过周界围墙、栅栏、锁、门、窗、设施建筑外墙、可临时布置障碍灯不同的延迟元件，拖延敌手入侵的进程。

响应是指响应力量接到报警并赶到有效地点截住敌手，并能够在截住敌手后成功战胜并制止敌手的行为。

实物保护系统是确保核材料设施安全的主要措施和手段，其主要作用是防止盗窃或非法转移核材料、破坏核设施引起放射性释放，防范对象为外部敌手入侵、内部人员作案以及内外勾结作案。实物保护系统根据设计基准威胁、保护目标和响应能力确定实物保护系统设计方案，主要设计原则包括：

1. 遵循实物保护现行法规、标准要求。
2. 实物保护系统与被保护核材料与核设施实物保护等级和设计基准威胁相适应。
3. 遵循纵深防御、均衡保护、早期预警、快速响应，最大限度减小系统失效的后果的设计原则。
4. 设备选型体现多样性原则。

实物保护系统设计与评估遵循"设计—评估—改进—再评估—确定方案"的设计过程，依据设施储存、使用或生产的核材料等级和设施的设计基准威胁确定实物保护系统等级，以设施的地形、环境和布局等特点为基础确定分区以及探测、摄像复核与监视、实体屏障、出入控制、响应等重要设备的选型，建立初步设计方案，针对基准威胁设计中的敌手属性和特征，进行方案评价，找出薄弱环节，提出改进方案，重新进行评估确定系统有效性达到标准要求，从而确定设计方案。

评估的过程主要是针对实物保护系统的有效性和核材料与核设施实物保护系统的风险分析两个方面，在实物保护系统设计评估过程中起着非常重要的作用。

4.1.3 风险分析的作用

实物保护分析是考虑对核材料与核设施作案的后果和实物保护系统遏止作案的综合风险，主要用于体现敌手作案成功后给核材料与核设施带来的风险情况，其影响力和破坏力是否可接受。国家许可证审批部门可以依据这种规划的风险，批准或不批准设施的运营。

风险分析的作用主要包括：

1. 对新建设的实物保护系统，在其设计过程中对实物保护系统的有效性，以及核材料与核设施的风险进行评估，如果风险不在可接受范围内，则须对实物保护系统进行改进或重新设计。

2. 对已有的核材料与核设施实物保护系统的有效性和风险进行评估，评价在现有新的威胁形式和已有的实物保护系统下，核材料与核设施所面临的风险程度。如果风险程度不能达到要求，则须对现有实物保护系统进行升级改造。

4.1.4 风险分析的程序

风险分析的程序一般包括：

1）成立工作组；

2）确定目标和表征实物保护系统；

3）进行风险分析；

4）进行性能试验。

4.1.4.1 成立工作组

要保证获得完整和正确的风险分析结果，需成立一个非常有经验的工作组，工作组组长由实物保护方面的专业人员担任，工作组的成员一般包括：

1. 组长
2. 实物保护系统工程师
3. 核材料控制和衡算专业人员
4. 突发事件响应专家
5. 出入延迟/爆炸物专家
6. 风险分析软件专业人员
7. 运营者代表

4.1.4.2　确定目标和表征实物保护系统

风险分析工作组的工作步骤的第一步是确定实物保护系统的目标。为了确定这些目标，该工作组必须：

首先，描述设施运行特点和状况的工作需要非常详尽的描述设施本身。需要描述设施内部的工艺流程，并列出已有的实物保护设施。

其次，必须界定设施的威胁。敌手可以被分成三类：外部敌手、内部敌手和与内外勾结的敌手。对于每一类敌手，要认真研究他们的所有战术。由于通常不可能对未知敌手具有的所有能力进行测试和评估，因此设计者和分析者必须做出假设。

再次，确定设施的保护对象。在大多数核设施中，核材料以集中不同的物理和化学形态出现。这些材料对盗窃或破坏行动的吸引力，很大程度上取决于他们的形态，因为核材料的形态决定了盗窃的难易程度，也决定了使用的难易程度。

最后，或者设计新的实物保护系统，或者由分析人员描述已有实物保护系统的特点。描述要求弄清楚探测、延迟和响应的各个的元件。尤其是描述实物保护系统的特点必须以明确界定的敌手威胁为基础。例如，描述时采用的探测概率和延迟值，必须是与该设计基准威胁相对应的最小值。

4.1.4.3　进行风险分析

在确定设计基准威胁、保护目标机保护等级、实物保护系统的基本信息后，即可开展风险分析工作。目前常采用的风险分析方法主要包括定量分析和定性分析两种。风险分析应在实物保护有效性和核材料与核设施等级分析的基础上进行。

4.1.4.4　进行性能试验

在进行某设施实物保护系统风险评估时，还需要进行整个系统的性能试验、局部性能试验及出示数据的合适工作。试验的种类主要包括：

1. 运行性试验

每日由警卫进行，以确信实物保护系统的设备正在正常运转。

2. 性能试验

定期进行，以确定实物保护系统设备的灵敏度是足够的，足以支持分析模型中使用的 pd 的假定值。

3. 维护后试验

在对实物保护系统设备进行维护后进行，以确信这些设备正常工作，并处于期望的灵敏度水平。

4. 整个系统和局部范围的试验

由设施运营者进行，以确信该系统像进行风险分析时设想的那样协同工作。实物保护系统中某些相关联的部分，如探测与响应、探测与延迟，应该一起进行试验。

5. 评估性试验

许可证审批部门定期到现场对实物保护系统进行独立的试验，以确信实物保护系统的有效性仍保持在发放许可证时的水平上。

4.2 铀浓缩工厂核设施的特点

4.2.1 放射性危害

4.2.1.1 电离辐射

放射性核素的原子核是不稳定的，它们每时每刻以辐射的形式释放出多余的能量，而转变（衰变）成稳定的其他原子核。每一次衰变后的子体原子核的能量总是低于其母体核的能量，就是说后者的结合能较大，两者的差别表现于辐射的能量。

每一种放射性核素有它自己独特的衰变模式，包括特征的衰变率，辐射类别和辐射能量。这些特征都是一定的，并且不受外界条件的影响，无论高温、低温、高压、真空、电磁场或化学变化，都不能改变它们。产生化学和生物效应的电离辐射主要有 α 粒子，β 粒子和 γ 射线。它们以及其他由核反应产生的辐射，如正电子、X 射线、中子等，都具有很高能量，在穿过物质时，能直接或间接的使物质的外围电子脱离原子，形成成串的离子对，故称之为致电离辐射，以区别于光、热、微波、雷达、无线电波等低能辐射。α 射线、β 射线、γ 射线、X 射线、中子、质子，裂变碎片等低能辐射，它们有的带电，有的不带电，有的有静止质量，有的没有静止质量。辐射不能看见或感知，但可用很简单的仪器探测出来。

每种放射性核素的半衰期，任何时候的当前原子核数目衰减掉一半所需的时间各不相同，从 10^9 s 到 10^{-9} s 都有。一般来说，有的放射性核素在短时间内放出大量辐射，有的长期持续地放出较少量的辐射。放射性活度衰变率的计量单位是贝可，1 Bq = 1 次衰变/s。人类生活的环境中还存在天然辐射，主要包括来自外层空间的宇宙射线以及存在于岩石、土壤中的放射性物质的照射。天然存在的放射性核素随着空气、水和食物被吸入或摄入动植物和人体，使动植物和人体也成为微弱的辐射源。以上这些来源的辐射统称为天然本底辐射。天然本底辐射随地区的不同可有几十倍的差异。

核武器试验沉降物产生的辐射虽属于人为，也会在全球或局部范围内增加了本底辐射。

4.2.1.2 电离辐射的生物效应

辐射的生物效应主要归因于电离或电子激发导致构成细胞的各类分子的破坏。电离辐射对人体细胞的作用分为直接作用和间接作用两类。

1）直接作用

电离辐射直接同生物大分子，例如 DNA、RNA 等发生电离作用，是这些大分子发生电离和激发，导致分子结构改变和生物活性的丧失；而电离和激发的分子是不稳定的分子，分子中的电子结构在分子内部通过与其他分子相互作用而重新排列。在这一过程中可能使分子发生分解，改变结构以导致生物功能丧失。

2）间接作用

人体细胞含有大量的水分子，所以，在大多数情况下电离辐射同人体中的水分子发生作用，使水分子发生电离或激发，然后经过一定的化学反应，形成各种产物。

直接作用和间接作用的结果都会使组成分子结构和功能发生变化，而导致由他们构成的细胞发生死亡或丧失了正常的活性，发生了变化。因此，电离辐射损伤细胞有两种情况：杀死和诱变。在辐射生物学中杀死细胞理解为细胞丧失了分裂产生子细胞的能力；而诱变细胞主要指癌变、基因突变和先天畸变。DNA 是遗传基因的载体，它通过复制把遗传信息保存于下一代，DNA 分子结构的破坏和代谢功能的障碍都将导致细胞丧失增殖能力以至死亡。人体活动中，肌肉收缩和神经传导都是在 ATP 分子参与下进行的，ATP 分子受损将抑制机体能量代谢功能，抑制蛋白质的合成。另外，如果细胞膜的结构受到破坏，通透性受阻，有害分子排泄不出去或在细胞内从一个区域转移到另一个区域，会破坏细胞的调节功能，最终可能使细胞中毒死亡。当然，电离辐射对细胞作用所产生的损伤是产生生物效应的外因；细胞对电离辐射的敏感性，同时也有耐受性。生物酶也可以对细胞的损伤进行一定的修复，减小电离辐射的影响，当不能完全修复时便会产生明显的生物效应。

辐射对人体组织的伤害程度，首先取决于所吸收的辐射能量和能量沉积的密度，用剂量当量表示，同时与时间和剂量有关。剂量当量的单位是希。在天然本底之外，人们还从各种人为来源接受辐射，这些附加的剂量，主要来自医疗照射，在发达国家可达到 0.3 mSv/（人 • 年）以上；而与此相对照，例如核电份额占总电量 29%的英国的全国居民，由于核电厂及其燃料循环而接受的辐射附加剂量平均不过 0.001 mSv/（人 • 年）其中受到剂量超过 0.01 mSv/年的人数极少。实际上，由于核电工业带来的辐射附加剂量，远低于天然本底辐射剂量的地区间差别，它从未造成可予证明的任何危害。

4.2.1.3　实物保护和辐射安全之间的相互关系

实物保护的目的之一就是防止敌手接近使用中或所储存的核材料。实物保护还和设施中的潜存辐射危害程度有关。上述两者是密切相关的。所设计的实物保护系统要尽最大可能保护存放核材料的区域。

INFCIRC/225/Revision5 指出：对在无屏蔽 1 m 距离处的辐射水平等于或小于 1 Gy/h 的材料就可以采用简易的保护措施。

有时，实物保护和辐射防护会产生矛盾。实物保护要求尽量减少进出安全区的通道数量，提高进出保护区的难度。辐射防护则要求快速、便捷的进出现场，以便控制事故状态。在核设施内，必须对两者加以综合考虑。

4.2.2　铀浓缩环节中的实物保护

4.2.2.1　铀同位素分离

将铀元素中 ^{235}U 的含量提高到满足核动力反应堆燃料要求富集度的过程。天然铀中 ^{235}U 的含量为 0.711%，轻水堆的燃料 ^{235}U 的含量通常在 2.5%至 5%，因此需要将天然铀或对后期铀进行同位数分离，以提高 ^{235}U 含量。铀同位素分离的方法很多，达到工业生产规模的主要有气体离心分离、气体扩散法和激光分离法等。

铀浓缩厂的安全保卫工作主要是针对核材料的盗窃行为。UF_6气体储存于大型压力容器内时，不易盗取。存储于小容器内的 UF_6气体样品可以藏于衣服内，容易带出核工厂，但其富集度很低，所以用此法盗窃大量铀是不太现实的。

在燃料循环的 ^{235}U 富集阶段，由于浓缩了 ^{235}U 的浓缩，而浓缩后的燃料可以制成爆炸装置，所以这些核材料会引起敌手和盗窃者的兴趣，在铀浓缩后就必须采取安保措施确保核材料的安全。

4.2.2.2 放射性废物处理和处置

在铀矿开采、选矿及水冶、铀转化、铀同位数分离、核燃料元件制造、核反应堆运行、核燃料后处理、铀钚加工、放射性化学操作以及其他操作过程中，均会产生含有放射性核素或被放射性核素污染，其浓度或放射性比活度大于审管部门确定的清洁解控水平，预期不在被利用的废弃物，称为放射性废物。放射性废物按物理形态分为放射性废气、放射性废液和放射性固体废物三种。按放射性活度分为低放废物、中放废物和高放废物。

放射性废气经吸附延滞、过滤等净化措施去除或降低废气中的放射性成分，达到规定的标准后向大气排放。

上述废物核材料浓度很低，且具有很强的放射性，为此针对盗窃的安全保卫措施显得不太重要，但是存在被破坏的威胁是很大的。

4.2.3 核材料运输安保关注的因素

核材料从一个工厂运到另一个工厂是必不可少的。运输核材料所使用的交通工具和容器必须满足严格的操作要求。对长途卡车要有越障碍的能力。装核材料的容器必须具备临界控制和抗事故所要求的性能。

国际原子能机构要求全世界所有拥有特殊核材料者都要建立适当的安全保卫体系。安全保卫体系要能阻止，至少是探测出可以制造核弹的核材料丢失量。这个标准是用来探测盗窃者或敌对势力在必要的时间制造出一个核武器。然而，局部的安全保卫和实物保护方面，国际原子能机构并不具有权威性或负责任性。

1. 敌手作案的目的

潜在敌手的作案目的可分为两种：盗窃、非法转移核材料和破坏核材料核设施造成放射性释放。

此处的破坏不是造成工程停产的一般性工业破坏，而是指敌对势力的行为造成大量的放射性物质的泄露，包括公开或暗中穿过各种障碍物，如墙壁、孔道和手套等造成放射性泄露。

盗窃、非法转移核材料是指入侵敌手获取核材料用于制造核武器装置或扩散装置。核材料的吸引力取决于潜在敌对势力的目的、能力和核材料的数量、特性。

在核材料运输过程中，考虑各环节的脆弱点不同主要是基于敌手的目的和核材料自身的特性，应综合各阶段的特点，考虑实物保护措施。

2. 核材料自身的吸引力

在铀浓缩营运单位核材料闭合循环中，其浓度和形态多次发生变化，根据不同环节核材料的特点，在某些环节中对盗窃者具有吸引力，而另一些环节对破坏者更具吸引力。核材料的吸引力主要是由下列因素决定：

（1）核材料的数量

（2）核材料的浓度

（3）核材料的便携性

（4）核材料转化所用的时间

核材料都存在不同风险，例如某核设施的核材料：

（1）带有高放的稀释核材料溶液转移起来又费时代价又高，它对盗窃不具有吸引力。但它有很强的放射性，所以对破坏分子吸引力很大。

（2）在核材料运输途中随运输车辆一同运输的还有一些小包装的取样容器，这类容器便于隐藏和转移，是恐怖分子和破坏分子的首选目标。

3. 核材料的数量

界定核材料数量的一种方法是给该种核材料的临界质量。临界质量是金属态的铀或钚在采取适当的反射措施后，可以维持自发裂变链的质量。反射式包裹在核材料外的某种物质将逃出核材料的中子重新反射回裂变循环内。反射是简单有效和常用的减小临界质量的方法。

4. 核材料的便携性

有些净化核材料带上手套就可以用手去拿。而含有乏燃料组件成分的核材料拥有高达 1 000 Sv/h 的辐射场。如此强的辐射场在 20 s 或更短的时间内，足可以给人造成致死剂量。在美国，认为乏燃料具有“自保护”特点，其实物保护系统主要是针对破坏，防盗窃则在其后。

5. 核材料转化所用的时间

不同的钚材料制成爆炸装置所需要的时间是各不相同的，因此盗窃分子对其他兴趣也有所不同。纯金属钚制成爆炸装置只需要几天的时间，而把溶液中的钚制成爆炸装置，则需要在化工厂内处理一年多的时间。

国际原子能机构在 INFCIR/225 中指出，根据核材料对盗窃分子吸引力的大小可将它们分为几个等级，从实物保护等级可将它们分为三类。在 INFCIR/225 中指出：为保证核材料的关注程度与实物保护之间的关系适当，核材料的分类应由国家管制。核材料的分类基于其潜在的危害性，而潜在的危害性又决定于：

（1）核材料类型

（2）同位素组成

（3）物理和化学形态、稀释度

（4）辐射水平

（5）数量

另外，对于不在用于核活动的核材料使其无危害的进入环境中，成为不可恢复形态，也是保护的一种方法。

自从核能的利用成为现实那一刻起，核燃料循环就设计了九个主要步骤，把核燃料循环看作一个闭环，即铀重新进入循环被反应堆在利用。在此期间，随着核材料经过多种形态及纯度变化，对盗窃者或破坏分子的吸引力也不断变化。由于铀矿石是从地下直接开采出来的，它的安全保卫要求最低；当然经过加工的低放核材料一样具备高风险，这些核材料只要和爆炸物捆绑在一起就可以制成赃弹，虽然威力不大但对人员身体大气造成危害，但在国际社会中造成影响较大。

4.3 保护目标分析与识别

4.3.1 确定后果

要保护设施内的所有东西是不可能的也是不实际的。有效的实物保护系统是保护数量最少但却是被完整保护。INFCIRC/225 允许根据不同区域内的材料的类别和破坏的可能性，使设施不同区域的保护达到不同的水平。

保护标准的选择要根据所造成危害的后果确定。所造成的危害后果包括：核材料被盗窃或非法转移、引起放射性危害后果的破坏、一般工业破坏。其中，一般工业破坏不在本教程所考虑的范围内。

4.3.1.1 核材料被盗窃或非法转移

核材料的被盗窃是指此种核材料被人非法从该设施移至场外的某个场所，以便在那里将这些被盗窃的核材料制成核武器或被扩散。这样，放在设施内的这种核材料就是被保护的对象。

4.3.1.2 放射性危害后果的破坏

引起放射性危害后果的破坏是通过破坏设施内的、能导致大量放射性释放以致危及公众健康和安全的设备来完成的。

4.3.2 确定保护对象

当从被盗窃的角度确定保护对象时，就能得出有关的所有核材料都必须加以保护的结论。当从破坏的角度确定保护对象时，则可以选择一些保护对象进行保护。例如，对于有多重和多种冷却系统的大型反应堆，只要保护好选定系统内的某些部件，即使其他系统的部件遭到破坏，也可以防止失去冷却。这就是说，对破坏的担心有时可以用保护许多组部件中的一组的办法解决。选择哪一组加以保护的问题，可以根据提供保护的难易程度以及提供保护对运行的影响来决定。

选择数量有限的一组部件加以保护，旨在尽量减小提供保护的难度。实物保护系统设计的任务是最大限度的保护数量最少的部件。这组部件必须是完全的；即对数量最少的这组部件的保护必须完全能防止危害后果的出现，而不管这一被保护组之外的部件是否遭到破坏。

4.3.2.1 手工列出保护对象

对于固体或装载容器中的液体等位置固定的核材料的被盗窃情况，手工列出保护对象的做法比较合适。该方法把所有的数量相当大的有关材料及它们的所在位置列表。该表就是需要保护的对象。

若设施较简单，这种手工列表法亦适用于生产过程中材料的被盗窃或关键部位遭到破坏的情况。对于复杂的设备，手工列表法用于这两种情况时受到了限制。例如，大型后处理厂通过许多个流程输送材料，有关材料的位置不固定，因此很难列出可以被盗的所有保护对象的位置。作为一个例子，我们来研究一下会遭到破坏的一座大型核动力堆。那里有许多复杂的系统，每一个都由成千上万个部件，这些系统相互配合使堆芯冷却。此外还有许多辅助系统，如电力、通风和一起仪器仪表，它们都已十分复杂的方式与一回路部件相连。确定保护对象时必须考虑那些系统和部件需要保护以及它们与其他辅助系统有哪些关联。

4.3.2.2　用逻辑图确定要害部位

1. 逻辑图

逻辑图是确定核设施中潜在被盗和对象遭到破坏的有用工具。这种被称作故障树的逻辑图，可用图表示出能导致不良状态的部件和子系统时间的组合。

逻辑图是一种图形表述，用来表述能导致指定状态或指定时间的各种事件的组合。用我们的例子说，指定状态是指由于该堆中的关键部位遭到破坏导致大量放射性核材料释放。

2. 确定要害部位的步骤

未建立核设施的实物保护系统，需要确定哪些特种材料可能被盗窃，哪些设备是破坏分子为了引起放射性释放而必须破坏的，以及这些设备的位置。由于核设施的功能和结构都非常复杂，所以，选择保护会由破坏关键的部件和设施区域而引起的放射性释放的这一工作来说，通常不是很容易办到。

需要加以保护以避免遭到破坏的设备所在部位称为要害部位。为了统一找出设施中的要害部位，需要有一种结构严谨的方法。

第一步　必须界定有关的放射性释放水平。然后用这个水平去决定必须考虑的释放阈值和帮助却需要分析的范围。正如可使用的法规所规定的，这方面的常用标准是允许一座设施在发生事故时的最大释放量。

第二步　找出设施中可能发生超过规定限制释放的放射性材料源。所含的放射性材料及时完全释放也不足以超过这一限值的源，不必予以更多的考虑。

第三步　必须确定分析时需要加以考虑设施运行状态。在一种运行状态期间防止放射性材料释放所必须的某些设备，在另一种运行状态期间也许并不重要；因此针对设施内的不同运行方式确定合适的不同要害部位。

第四步　找出能使相当数量的材料释放的活动。要考虑三种类型的释放机理：直接扩散、诱发的临界事故和放射性衰变发热。必须确定这些机理中的任意一种能否引起从已找出的任何源向外是发放放射性物质。

第五步　必须确定有可能引起反射性释放的“系统失效”。

第六步　为了找到要害部位，这一步有必要确定每项失效可能会在设施中的哪些位置发生。

3. 破坏故障树分析

我们要使用分析破坏故障树的程序来找出能以这些时间的某种组合方式引起放射性材料的破坏事件。故障树是一种逻辑图，用图形表示能导致指定的不良状态的部件和子系统事件的组合。在破坏故障树分析中不良事件是依次发展的，直到一些初始时间至每一只分支终止为止。

4.3.2.3 方法对比

确定保护对象是确定需要加以保护一方出现不良后果的具体位置或部件的过程。确定保护对象的方法有很多种，从比较简单的手工列表法到比较严格的逻辑方法。手工列出保护对象法可用于规定场所核材料的被盗。对于较简单的设施来说，亦可用于生产过程中材料的被盗和关键部件的遭破坏。

4.4 铀浓缩工厂威胁评估与界定

4.4.1 威胁形式描述

进行威胁形式分析与描述是进行威胁评估的基础。在威胁评估的过程中，需要对国外威胁形式、国内威胁形式、设施周边地区威胁形式等进行分析，对其社会治安情况及潜在威胁进行调研。通常威胁形式描述过程中，侧重的方面主要包括：

1. 近年来刑事案件的种类、性质、数量等；
2. 涉枪、涉爆案件的情况；
3. 反核活动的情况；
4. 群体事件的种类、人员规模、时间按性质等；
5. 近年来敌特案件的种类、数量、性质等；
6. 恐怖事件活动；
7. 邪教活动情况；
8. 其他潜在的涉核威胁情况等。

4.4.2 威胁评定

威胁评定是对现有的评估，通常也包括情报的评估。这些评定要对那些事实恶意行为的敌手所具有的动机、意图和能力进行描述。威胁评定是对可能造成或导致恶意行为的现有或潜在的威胁的信息进行正式的收集、组织和评估的过程。为使威胁评定有效地作用基于威胁的保护的基础，具有不同专门知识领域的几个组织需要进行紧密合作。这些组织包括在情报资料收集和分析方面具有责任和经验的组织，但他们可能对保护的实施和材料类型方面的经验有限；也包括例如监管部门这样的组织，它们熟悉运行情况和保护策略，但对威胁评定过程可能缺乏经验。在所有有关组织之间建立密切的工作关系，对于产生的威胁评定文件是非常重要的。

在可能情况下，监管部门应建立协议和确定必要的授权，以直接参与威胁评定。这样，可以将它们的深入进阶纳入评定中，以使评定与所关心的问题更好的相适应。威胁评定过程主要包括：威胁信息的收集、威胁信息的分析和编制威胁评定文件。

4.4.3 威胁信息的收集

4.4.3.1 威胁信息的范围

威胁评定的输入应该包括对所有潜在敌手及其动机、意图和能力等信息的全面汇总，除了关注与核材料或设施有关的威胁有关的威胁信息外，关于针对类似高价值、严重后果行业的有关信息也应该考虑。威胁信息的收集范围只要包括：

1. 国内外已发生的核材料案件；
2. 国内外已发生的反核事件；
3. 非法组织活动；
4. 典型的爆炸及刑事案件；
5. 煽动群众闹事沉积；
6. 核设施所在地区信息；
7. 核设施内部信息。

4.4.3.2　威胁信息的来源渠道

威胁信息收集过程中应考虑所有可靠地国家核国际信息来源，信息来源主要包括：

1. 政府官方报告；
2. 公安部门；
3. 安全部门；
4. 情报部门；
5. 经证实的媒体报道；
6. 核材料持有单位的事件报告；
7. 实物保护技术研究机构；
8. 公开发表文献。

4.4.4　威胁信息的分析

4.4.4.1　威胁信息的整理

搜集到的有关威胁的各种资料后，因为资料和种类很多，案件信息也比较杂乱，整理出对分析威胁有用的信息，需要对资料进行分类整理。分类时可按照尾部威胁和内部威胁的内容进行整理，利用固定格式的表格总结出需要的信息内容。

核设施外部已发生的安检信息，主要从敌手类型、作案目的、武器装备、交通工具、通信设备等方便尽可能全面的对每一个案件进行信息整理，归纳总结科采用表格的方式。

对核设施内已发生的核材料及其他典型安检信息进行收集整理，从参与案件人员的员工类型、具有的权限、对核材料核设施的了解程度、作案目的、人数、武器装备等方面进行信息的整理。

对核设施所在地区社会治安情况进行收集整理，主要从近 5 年来刑事案件、涉枪、涉爆事件、反核势力的活动情况、群体事件、其他潜在的核威胁等方面进行信息整理，同时还包括根据上述治安情况总结的潜在威胁情况。

对核设施所在地区的敌情收集整理，主要从近 5 年来的敌特安检、相邻周边及境外敌特活动情况、恐怖事件的发生及恐怖势力的活动情况、邪教组织及人员的活动情况、其他潜在的涉核威胁等方面进行信息整理，同时还包括根据上述治安情况总结的潜在威胁情况。

对核设施的生产、安全、员工的生活状态及态度等内部信息的调查，主要从设施内员工的审查措施、员工对工厂的满意程度、员工经济状况、工厂安全文化、工厂规整制度、工厂的劳资问题、员工的安全防范意识、工厂内是否有员工参加邪教资质等方面内容进行信息整理。

4.4.4.2 威胁信息的分析

根据已经整理好的威胁信息，得到了威胁信息中的威胁属性，即不同类型的敌手所具备的公用特征，然而仅此还不够，还需要得到不同类型的敌手的最大威胁的具体能力和量化指标，因此就需要对敌手的特征或量化值进行分析。通过概率统计的方法可以得到不同类型敌手的威胁特征的比例分布，从而总结出威胁特征的最大可能特征值，为分析不同类型敌手的最大能力提供基础。

对于外部敌手，可以将所有的案件信息从敌手的人数、作案动机、作案目的、作案工具、武器装备、交通工具、作案时间等方面分析，提取出各种因素下敌手的特点，归纳出外部敌手的主要属性和特征。

4.4.4.3 指定威胁评定文件

威胁评定文件应对国家的整体威胁形式和所有已知信息的威胁信息进行描述，总结出国家整体的威胁环境。

针对设施，威胁评定文件应对设施周围的威胁形式和周围形式、设施内部的威胁形式和周围形式进行描述。

威胁评定文件应当对不同类型敌手的属性和特征进行详细描述，该描述文件将成为设计基准威胁指定的基础。

威胁评定文件应当涵盖详细的辅助性分析说明，该说明应阐述威胁信息的来源、威胁信息的整理过程，为威胁评定文件提供足够的可信的信息支持。

威胁评定文件内的核材料案件的典型类型和不同敌手的类型，包含：

1. 引起放射性危害后果的破坏：外部敌手、内部敌手和内外部敌手勾结；
2. 盗窃、非法转移核材料：外部敌手、内部敌手和内外部敌手勾结。

4.4.5 设计基准威胁

4.4.5.1 设计基准威胁的作用

设计基准威胁定义为阐明企图擅自转移核材料或企图破坏核材料与核设施的内外部潜在威胁力量特征的文件。

设计基准威胁表达的是潜在的外部敌手和内部敌手的属性和特征，包括性质、人数、规模、目的、动机、智能、技能、武器、工具、内部、外部或内外勾结等方面的威胁。具备上述属性和特征的潜在外部和内部敌手有可能试图对核设施及核材料实施破坏或盗窃，实物保护系统应以此为依据进行设计和评价。设计基准威胁给出了核设施潜在的威胁水平，是建立实物保护系统以及对已有实物保护系统升级、改造、运行评价的依据，为核设施突发事件处置员编制和演练提供了具体敌情。

设计基准威胁是设计和评价实物保护系统时所针对的潜在敌手的动机、意图和能力的全面描述。基于设计基准威胁尽力的实物保护系统，减少了在确定实物保护要求方面可能存在的随意性，促使保护资源的有效分配。

4.4.5.2　设计基准威胁与威胁评定的关系

威胁评定对那些实施恶意行为的敌手所具有的动机、意图和能力进行描述，确定了敌手的基本属性和特征，为确定设计基准威胁的威胁要素奠定了基础和依据。威胁评定是国家的权威部门或他所委托的专家根据法律的规定通过对于国际的、国内的、地区的、历史的或现在的外部的或内部的典型案件或核材料案件进行分析研究、推理提出针对某核设施可能的潜在犯罪威胁和犯罪能力做出判断。威胁评定的结论应当给出当前国家或设施面临的威胁的形式总的情况说明，并指出其所面临的不同类型敌手的属性和特征的基本情况，指出敌手的威胁能力，并针对威胁环境的变化，及时进行威胁信息的重新评估，为设计基准威胁评估与修订提供信息支撑。

4.4.5.3　设计基准的内容

设计基准威胁由作案目的、威胁类型和威胁要素构成。

作案目的是入侵者对核材料、核设施采取恶意行为最终要达到的结果，根据其动机、企图和可能带来的后果分为两种。一是破坏核材料设施引起放射性释放，是指为了政治、经济、意识形态、信仰、报复等目的，针对核设施或使用、储存、运输中核材料采取的蓄意行动，这种行动能够造成辐射照射或放射性物质释放，能够直接或间接的危害人员健康和安全，危及工作和环境。二是盗窃非法转移核材料，是未经许可非法转移核材料的行为。

威胁类型包括可能进行破坏或盗窃的人员种类和作案方式，根据与核设施的关系、对核设施情况的了解程度主要分为三类。

1. 外部人员作案，可能是恐怖分子、极端分子、激进分子，采取武力、秘密、欺骗等作案方式，进行的核材料盗窃核/或引起放射性危害后果的破坏。

2. 内部人员作案，是指具有进出权限、对核设施比较熟悉的内部工作人员或者由暂时进出授权的其他人员，主动或被动参与进行的核材料盗窃和引起放射性危害后果的破坏。

3. 威胁最大的是内外勾结作案，由内部人员向外部敌手提供协助或内外敌手共同参与的非法行为，内部人员向外部敌手提供协助或内外敌手共同参与的非法行动，由于内部人员的帮助或参与，作案成功率较高。

威胁要素反应了作案人员的属性和特征，主要包括作案人数、作案方法、采用的战术和策略、个人能力、武器装备、作案工具、通信设备、交通工具、汽车炸弹等。

4.5　铀浓缩工厂风险分析

4.5.1　风险分析方法

核设施风险评价表征的是在敌手实施作案的情况下，给核设施带来的风险有多大，并用风险值作为风险值与敌手的作案概率、实物保护系统的概率、核材料或者核设施的重要程度有关。

4.5.2 实物保护系统有效性评价

4.5.2.1 定义与作用

实物保护系统应对的主要对象是核设施设计基准威胁,实物保护系统有效性评价的对象也同样包括外部敌手入侵分析和内部人员作案分析。

实物保护系统有效性评价是指通过定性和定量的方法,对实物保护系统达到预期设计目标的能力或挫败入侵的能力进行分析和评估。

实物保护系统有效性评价是实物保护系统的主要优化手段之一,其作用主要表现在以下两个方面:

1. 找出系统的薄弱环节,提出改进措施

实物保护在方案设计、竣工验收、系统运行、系统升级各阶段都需要评价。对于设计过程,需要通过有效性评价,发现设计方案的薄弱环节,提出优化改进方案,确保设计方案有效;对于运行中的实物保护系统,随着核设施的设计基准威胁、保护目标、响应力量、核材料等级以及实物保护设备性能等因素的改变,也应对实物保护系统重新评价,通过评估找出系统的薄弱环节,提出改进建议措施,确保保护系统的运行质量。

2. 找出最佳费效比的设计方案

根据实物保护系统纵深防御、均衡保护、最大限度地减少系统后果的设计原则,在系统设计初期,对系统投入的费用越多,系统的有效性相对就越大,但是随着费用的增加,实物保护系统的有效性并不是无限制的提高,而使达到一定程度后,费用的增加很难再使系统的有效性得到很大的提高,实物保护系统的费效比关系。在设计中如何能够保证系统的有效性,又能把握好费效比的度,是以前实物保护系统设计只能够很难解决的问题。

采用实物保护有效性分析方法,借助专用的评价工具,通过改变实物保护系统不同元件的输入参数,可以对比不同方案下系统有效性和投入费用之间的关系变化,得出相对高费效比的方案或措施。

4.5.2.2 实物保护风险与有效性评价的关系

实物保护系统有效性评价主要用于评估实物保护系统达到预期设计目标的能力,是在保护目标、核材料等级、盗窃或破坏核材料的后果因子、设计基准威胁、响应力量、实物保护系统效果的有效指标。

实物保护风险分析则考虑了对放射性核材料作案的后果和实物保护系统遏止作案的综合风险,主要用于体现在敌手万一作案成功的情况下,给核材料核设施带来的风险有多大,其影响力和破坏力是否是可以接受的,并用风险值作为风险大小的度量。核设施风险值与敌手的作案概率、实物保护系统失败的概率、核材料或者核设施的重要程度有关。

4.5.2.3 实物保护系统有效性度量

敌手的目标是在被实物保护系统阻止的可能性最小的条件下达到路径的终点。为了实现这个目标,敌手会采取两种策略,一是敌手会设法尽量减少到达目标所需时间,这种策略就是尽快穿过各个屏障,而不顾被探测到。如果敌手在警卫能够做出响应前到达这条路径的终点,他就获得了成功。另一种策略是敌手会设法尽量不被探测到,而不顾延长作案时间。如果敌手到达路径的终点而未被探测到,他同样获得了成功。

实物保护系统有效性的一种量度是可与警卫响应时间相对比的、沿该路径的最短累积延迟时间，满足要求的实物保护系统能提供足够警卫做出响应的延迟。另一种量度是在敌手完成使命之前探测到敌手的累积概率，满足要求的实物保护系统应该提供高的探测概率。

无论是延迟时间还是探测概率，都不是最好的有效性量度。有效性的一种更好的量度是及时探测。及时探测就是在任由足够多的时间可供响应部队截住敌手的时候探测到敌手的最小累积概率。也就是说，及时探测注重的是截住敌手的概率。

4.5.2.4　单条路径分析

单条路径分析是对一条入侵路径上的实物保护系统的有效性进行评价。单条路径分析的数学模型是实物保护系统有效性评价的理论基础。

一个特定核设施的探测、延迟、响应是一定的，对于某个具体的保护目标，从非控制区到保护目标的路径可能有许多条。在评价一个实物保护系统时，选择一条敌手入侵被截住的可能小的路径，用在这条路径上的有效性表示实物保护下整体有效性。

单条路径分析评价方法是一种临近级的分析方法，只沿着一条入侵临近进行分析。临近由一些系列的入侵路段上的延迟时间段和探测点表示。

其中，探测是由布置在设施中的探测器实现的，探测的有效性用探测器的探测概率表示。探测后报警信号成功通知响应部队的概率，用报警概率表示。报警信号传送到响应部队是由信号传输系统的有效性以通信概率来量度。

延迟是入侵者沿着特定路径从入侵点到入侵终点所需时间，可以分解为完成不同路段的时间，简称为“作业时间”。根据数理统计原理，路段的延迟时间随即变量，无法以某次的测量值表示。因此假设进行 N 次测量样本均值作为理想期望的估计，表示平均延迟时间，样本均方差作为均方差的估计，表示测量值对平均延迟时间的偏离。

4.5.2.5　外部入侵有效评价

1. 概述

外部入侵有效性评价主要用于评估实物保护系统应对外部敌手入侵的能力，即实物保护系统的探测、延迟、响应功能的协调作用起到的保护作用如何。

根据外部入侵敌手的作案特点，实物保护系统应对外部敌手入侵的有效性体现在两个方面，一是实物保护系统能够成功发现外部敌手后的入侵行为，二是发现外部敌手之后设施的响应力量能够成功战胜入侵敌手。路径的截住概率（P_1）与响应力量战胜入侵敌手的概率（P_N）综合响应了实物保护系统应对外部入侵的有效性，即截住的同时又能成功制止，其计算公式 $P=P_1*P_N$。

2. 截住概率的计算

截住概率计算的基本原理是累积探测，即一条路径上所有探测元件探测概率的累积。

但是在实物保护系统综合有效性分析过程中，需要考虑的是探测、延迟、响应的综合作用，即为了能截住敌手，必须满足两个条件：一是敌手必须备探测到；二是敌手必须在路径剩余的延迟时间长与部队响应时间的内被探测到。反之，如果在路径剩余的延迟时间短于部队响应时间的某一点被探测到，就不在有足够的延迟时间截住他。

因此在累积探测的基础上，衍生出及时探测的概念，即在有效的地点之前截住敌手的概率。该原理中综合考虑了实物保护系统的探测元件的探测概率、延迟元件的时间、响应部队的响应时间等多个元素。

3. 制止概率的计算

制止分析用于进行响应力量对付设计基准威胁的有效性评价，是对交战双方过程中设施响应力量能够战胜入侵敌手的概率分析。

计算方法主要基于兰切斯特作战毁伤理论，该理论将影响战斗双方胜负的因素抽象表示为两种：双方人数和平均个人战斗效率。其中人数是独立的，与其他因素互不影响。平均个人战斗效率与武器装备、训练、疲劳等因素相关。其他不考虑的因素则假设双方在这些方面相当。此外，由于响应力量与入侵敌手的交战过程为小型战斗，交战过程中仅考虑点射击模式。当战斗力双方采用点火力射击时，双方的实力正比于各方人数的平方和单位平均战斗力的乘积，即平方定律。

此外，分析中假定敌我双方人员素质综合能力相当，则入侵敌手的平均战斗力和响应力量的平均战斗力均仅与双方的人数、携带武器装备数量、各类武器的效能值有关。即分别用各自的武器作战效能值除以相应的人数得出。

4.5.2.6 内部作案有效性评价

1. 内部作案有效性评价的特点

内部威胁是指任何熟悉设施的情况具备相关知识和授权，企图偷窃核材料、破坏核设施的潜在人员，他们还可能与其他内部人员或外部人员进行勾结作案。内部威胁的复杂性来源于其本身所具备的一些特性，对设备运行情况的了解，操作、管理中的权限等都有助于他们能更容易的达到目的，同样由于这些原因设施对内部威胁的防范也会更加困难和复杂。为了确保设施的安全以及防范内部人员作案的可能性，各核设施都有相应的内部人员防范系统。一般该防范系统都由预防措施和保护措施两部分组成。

预防措施：包括对应聘人员的可靠性审查、相关法规政策的制定、和谐的工厂文化、对员工安全知识意识的培养、相关信息的保密、设施的物理分区、员工的工作分区、参观陪同等方面的内容。通过人员的审查和了解在某种程度上排除混入设施内工作潜在的威胁，和谐的工厂文化、安全意识的培养等可以有助于消除内部人员作案的企图；另外对设施的物理分区、人员工作区域的划分、参观陪同等原则可以减小内部人员作案的可能性。

保护措施：指设施实物保护系统的探测、延迟、响应等功能对内部威胁的防范，以及降低事故风险的措施等。其中主要包括入侵探测、违禁品探测、监控、双人或多人原则、出入控制、严格的设备检修和测试程序、设施人员或物理屏障提供的延迟、警卫或其他工作人员对事故采取的响应措施等。设施内完善的保护措施会对内部威胁的作案起到威慑作用，可以打消他们作案的念头，另外探测、监控等技术防范措施能够及时的发现异常情况，从而可以快速的对时间做出响应。

预防措施和保护措施相互结合，形成设施的纵深防御安全体系。进行内部威胁防范系统分析评价主要是为了确保设施的安全措施达到相关标准要求，能够有效遏止内部人员作案以及万一有事件发生时该系统能否及时发现并做出响应，主要包括预防措施评价和保护措施评价。

2. 预防措施评价

预防措施的执行可以从某种程度上减少内部威胁，但是不能完全排除潜在威胁。由于预防措施的特殊性，不能对其进行定量的评价。对于其中的一些规章制度可以通过与相关标准的对比分析来评估它的合理性和严谨性；对于内部人员授权等应进行系统的评估，确定各级人员的授权或权限是否合适，以及这些授权划分是否得到了严格执行。

3. 保护措施评价

保护措施评价对于设施的安全起着非常重要的作用，其有效性可用探测概率等量化数据表征，主要从探测器的报警概率、物理屏障的延迟时间、响应力量的响应时间等方面进行评价。保护措施评价基于薄弱路径分析方法来评估实物保护系统应对内部作案的有效性。

根据内部威胁作案的特点，常采用的一种方式就是时间线分析法，根据内部人员偷窃方式的不同又分为连续性时间线和非连续性时间线两种方式。

连续性时间线是一个内部人员作案一次连续性完成偷窃的过程。

非连续性时间按线是内部威胁作案多次作案的行动序列模拟。进行此类分析时首先将各次单独作案作为一次连续的行动分析，然后再综合各次行动的分析结果，对他们进行逻辑运算，最后得出在非连续性行动中设施保护措施的有效性指标。

4.5.3　定量风险分析方法

4.5.3.1　定量评价的定义

定量评价是在保护目标、核材料等级、偷窃或破坏核材料的后果因子、设计基准威胁、响应力量、实物保护系统参数已知的情况下，利用科学的分析评价方法计算出反应实物保护系统效果的有效性指标和核材料、核设施的风险值。

4.5.3.2　评价内容

定量评价的内容主要包括：

1. 实物保护系统应对外部入侵作案的有效性；
2. 外部入侵作案带来的风险大小；
3. 实物保护系统应对内部作案的有效性；
4. 内部人员作案代理的风险大小。

4.5.3.3　定量评价的步骤

1. 选择评价工具；
2. 确定保护目标、设计基准威胁和响应力量；
3. 建立和设施实物保护系统模型；
4. 确定有关的探测、延迟、响应参数；
5. 利用评价工具进行分析；
6. 根据分析结果，给出评价结论；
7. 主要结论；
8. 实物保护系统有效性评价结论；
9. 核设施风险评价结论。

4.5.4 定性风险分析的方法

4.5.4.1 定性评价的定义

定性评价是在保护目标、核材料等级、设计基准威胁、响应力量、实物保护系统组成已知的情况下，依据相关标准，采用现场检查、抽样检查、试验、演习等方法对实物保护系统的有效性进行的评估。

4.5.4.2 评价内容

1. 实物保护系统总体方案设计原则；
2. 实物保护系统的可靠性和功能性的完整性；
3. 实物保护系统运行状况；
4. 实物保护管理文件的完整性及执行效果；
5. 人员培训及考核情况；
6. 现场检查、测试、演习结果；
7. 模拟入侵试验；
8. 内部防范措施检查。

4.5.4.3 评价要求

1. 实物保护系统总体方案设计符合实物保护措施与核材料等级一致；依据核材料等级进行核设施实物保护分区，实现纵深防御；周界实体屏障、周界入侵探测、报警复核、出入口控制等方面不存在薄弱环节，实现均衡保护；哨位、岗亭、营房布局合理；实物保护系统有适当的多余。

2. 实物保护系统功能完善，实物保护要素齐全，符合相关标准要求。

3. 实物保护系统软硬件运行可靠，设备投运率高，单个设备技术指标、子系统技术指标符合要求。

4. 实物保护系统的管理文件种类齐全，内容正确，达到核材料许可证审评大纲的要求并得到严格执行。

5. 实物保护系统的管理人员、技术人员、操作人员、维护人员、相应人员按规定进行了培训、考核、演练，达到人员培训标准要求。

6. 经现场抽样调查、设备测试、子系统试验、响应演习、人员考察后需证明实物保护系统的全部设备元件处于正常运行状态，若有非正常运行的设备元件，应在处理之中；周界探测系统的探测概率符合要求，无探测盲区；延迟设施的延迟能力和均衡性符合要求；所有实物保护人员业务能力、操作技能合格；设备性能与系统性能合格；响应时间和制止作案能力符合要求；抽试的薄弱入侵路线上满足及时探测要求；通过模拟入侵试验证明无薄弱环节；内部防范措施完善。人审、可靠性审查制度、人员进入权限审批制度；双人、多人规则、双人双锁规则等都得到严格执行。

4.5.4.4 评价报告与结论

1. 核材料、核设施实物保护系统定性评价报告一般格式为：实物保护系统简述、保护目标描述、设计基准威胁描述、相应力量描述和评价结果。

2. 主要结论要从系统功能、系统可靠性、管理文件、人员培训、响应演习、运行情况、现场测试结果、是否有薄弱环节等方面给出是否合格结论并提出具体改进意见。结论要涵盖以下方面实物保护系统总体方案及功能是否符合要求;实物保护系统软硬件运行可靠性、设备投运率、技术指标是否达到要求;管理文件种类、质量是否符合要求、是否得到严格执行;实物保护系统管理、维护、操作人员及响应力量的培训、考核、演练是否合格;现场抽样检查、设备测试、子系统试验、响应演习,人员考察结果是否有薄弱环节。

4.5.5　风险分析的结论

以有效性评价为基础,经过风险分析后,我们得到了响应核材料核设施实物保护风险水平的风险值。这个风险值代表了核材料与核设施的实物保护系统被设计基准威胁的敌手攻击后,会给社会带来的风险。这个风险是国家进行相关决策以及是否分配实物保护资源的重要依据。如果核材料与核设施目前的风险水平较低,是国家可以接受,则国家会进行相关的决策,如果风险水平较高,国家将有可能对设施采取响应的措施和行动,并投入更多的实物保护资源。

4.5.6　风险分析的更新

风险分析的基础是核材料与核设施所面临的威胁,即设计基准威胁。随着威胁形式的变化,国家会对各核设施单位的威胁评定和设计基准威胁进行更新和修订。

随着威胁评定和设计基准威胁的变化,原有的实物保护系统可能抵御不了新的威胁形式,从而使得核材料与核设施风险水平也将产生变化,因此,从新进行风险分析将很重要,如果风险分析的结果显示风险较高,则将有必要采取响应的措施。

当确定需要进行实物保护系统的升级、改造或重新设计时,在实物保护的设计过程中,应当对核材料设施的风险进行不断分析和反馈,以使最终的实物保护系统达到抵御设计标准威胁的要求,使核材料的风险水平达到国家能接受的范围。

4.6　应对风险的措施

4.6.1　风险管理措施

国家应采用结构严谨的风险管理方案,以便将恶意行为的风险降低到可接受的程度,应评定恶意行为的潜在威胁、潜在后果和可能性,并建立相应的立法和监管框架,以促进建设有效的实物保护措施,从而消除这些威胁。

国家的实物保护制度应面向使用、储存及运输中的所有核材料以及所有核设施。相关的制度应确保对核材料进行保护,以防止设备擅自转移和遭到破坏,同时应当对国家实物保护制度进行定期审查和更新,以反映威胁变化以及在实物保护方法、系统和技术等方面的发展进步所产生的影响。

同时,国家根据核材料核设施的特点,分析考虑何种风险是可接受的,为保护放射性物质、相关设施和公众的安全健康采取何种措施是正确恰当的。

此外,应考虑降低涉及放射性物质特别是放射源的核安保风险的途径,例如鼓励使用可供替代的放射性核素、化学形态或非放射技术，或者鼓励防篡改性更强的装置设计。基于纵深防御概念，结合硬件、程序和设施设计等，针对不同分类不同级别的核材料制定分级方案，便于实施和管理。

4.6.2 基于分析评估的实物保护措施选择

国家应当确保实物保护的相关措施和制度能够通过风险管理将擅自转移和蓄意破坏的风险确定并保持在可接受的水平。这就需要对威胁和对恶意行为的潜在后果作出评价，并建立一个法律监管框架，以确保采取适当有效的实物保护措施，可以通过以下方式进行风险管理：

1. 减少威胁；可以通过强有力实物保护措施的威慑作用或者通过优化资料的机密性减少威胁。

2. 提高实物保护系统的有效性；可以通过实施纵深防御或者建立和维护安保文化来提高实物保护系统的有效性。

3. 通过修改具体的促进因素如核材料的数量和类型以及设施的设计来减轻恶意行为的潜在后果。

4. 实物保护系统和措施的选择要基于有效分析和风险分析，同时需要考虑投入与作用的费效比，结合相关的评价与分析方法，对设计方案逐步优化，制定出费效比适宜的方案。

4.6.3 核安保文化的建设和推广

核安保文化是指作为支持、加强和保持核安保手段的个人、组织和机构特征、态度和行为的总和。有效的核安保文化取决于适当的规划、培训、意识教育、运行和维护以及设计、运行和维护实保系统的人员。如果运行和维护系统所需的规程较差或者运行人员没有遵循规程，即使设计良好的核安保体系也会退化。核安保文化应该体现在实物保护体系的所有要素中。

推进和维护核安保文化应重视以下三个方面：

1. 核安保文化的基础是承认存在可信的威胁、维护核安保十分重要，而且人的作用十分重要；

2. 组织、组织中的管理人员和员工三位一体，共同治理和维护有效的核安保文化；

3. 核安保的相关组织都应当由其行政管理部门发布核安保政策声明，提出组织的安保目标，公布并宣传其承诺和职责，向员工提供指导方针；所有员工都应当了解并定期参加实物保护教育。

4.6.4 可持续性计划

国家应当制定可持续性计划，以确保通过投入必要的资源使国家实物保护制度做到持久维护和有效，从而确保核材料核设施的长期安全。

各设施单位应当制定各自实物保护系统的可持续性计划。该计划应当包含：

1. 运行程序；

2. 人力资源管理和培训；
3. 设备更新、维护、修理和校准；
4. 性能测试和运行监测；
5. 配置管理；
6. 资源分配和运行成本分析。

4.6.5 实物保护突发事件处置预案的判定

实物保护突发事件处置预案的制定和实施，为紧急情况下最大程度的控制和减少事件后果有着重要的作用。各核设施单位应建立职责明确的组织机构，负责实物保护突发事件处置预案的有效实施，突发事件处置预案中应包括预订的决策、响应的策略、响应的程序和行动计划，能够有效应对设计基准威胁中描述的非法转移核材料和蓄意破坏核材料设施的敌手入侵方式。

各设施单位的突发事件处置预案应作为实物保护计划的一部分经过相关部门的批准，处置预案应周全考虑突发事件的处置程序，制定详细的计划，明确实物保护突发事件处置预案与其他事故类型的接口，以确保在紧急情况下和响应处置过程中能够维持实物保护系统的有效性，同时突发事件处置预案应定期进行演练，并对相关人员进行培训。

4.6.6 核安保时间的侦查

监管机构应规定对各设施单位制定适当而有效的核安保时间侦查措施并迅速报告这类时间的要求，以便及时作出相应反应。

实物保护制度应当包括迅速响应和综合措施，以查找和追回失踪或被盗的核材料。这些查找和追回措施应当包括现场作业和场外作业。国家应当适当界定相应组织和营运人的作用和职责，以查找和追回失踪被盗的核材料。

本教材的培训对象主要是铀浓缩工厂从事核材料、核设施实物保护的管理、运行、技术支持、维护的人员，本教材也可以作为其他核安保从业人员的参考。通过学习本教材，初步了解铀浓缩工厂实物保护系统开展的情况，对培训对象全面了解铀浓缩工厂的实保系统运行、管理概况进行全面的介绍。

由于编者经验水平有限，书中难免存在缺点和其他不足，对铀浓缩相关同行的亮点及好的经验未必能充分体现，在此恳请广大读者在使用本教材时提出批评指正。

第5章

应急准备和应急响应的目标与原则

应急准备和应急响应是核安全纵深防御的最后一道保护措施，也是备受公众关注的涉及公共安全的问题。所以，铀浓缩设施做好应急准备和应急响应工作，不仅是安全环保工作的重要一环，也是必须承担的社会责任。

应急准备和应急响应的目标，是减轻核与辐射事故后果，确保在可能的应急情况下，能迅速采取适当的措施，保护人员、环境和避免财产损失。

要实现上述目标必须遵循两条基本原则：(1)干预的正当性原则：任何计划的干预(应急响应行动)必须利大于弊；(2)干预的最优化原则：任何干预的形式、规模、及持续时间必须是最优化的，以产生最大的净利益。

根据上述原则，保证应急的范围和深度与设施潜在的危险的大小及可能发生的核与辐射事故的严重程度相适应，是应急准备必须满足的基本要求，也是我国核安全法规HAF301《民用核燃料循环设施安全规定》所规定的。因此在进行应急的计划和准备时，铀浓缩设施的首要任务，应是鉴别设施的潜在危险（又称为“威胁”）和可能发生的事故及其严重程度，确定可能受事故影响区域范围和可能出现的应急状态级别，从而为应急准备提供可靠地技术基础。

第 6 章

铀浓缩设施的应急准备

按照核安全导则 HAD002/07-2019《核燃料循环设施营运单位的应急准备和应急响应》（国家核安全局 2019 年 11 月 29 日批准发布，2020 年 1 月 1 日起实施），核燃料循环设施的选址、设计、建造、运行和退役均需严格按照核安全法规进行。在采取种种预防性措施后，核燃料循环设施因失误或事故进入核事故应急状态的可能性虽然很小，但仍不能完全排除。核事故可能导致放射性物质不可接受的释放，或对人员造成不可接受的照射。为了加强并维持应急响应能力，以便在一旦发生事故时能快速有效地控制事故，并减轻其后果，每一个核燃料循环设施营运单位应有周密的场内核事故应急预案（以下简称应急预案）和充分的应急准备。

6.1 铀浓缩设施核应急的重要意义

铀浓缩设施在选址、设计、建造、调试、运行等各个阶段都严格遵从核安全法规进行，在设计上采取了“纵深防御”的原则和防止事故发生的多重安全措施，并且留有较大的安全裕量，虽然铀浓缩设施因失误或事故进入核事故应急状态的可能性很小，但仍不能完全排除。核事故可能导致放射性物质不可接受的释放，或对人员造成不可接受的照射，为了保障工作人员、公众的安全，保护环境，事先制定铀浓缩设施的场内核事故应急预案，做好应急准备，把它作为“纵深防御”的一部分，以便在严重事故情况下及时有效地采取应急响应措施，控制事故的发展，防止或最大限度地减少事故的后果和危害，是十分重要的。

6.2 铀浓缩设施应急准备的基本知识

6.2.1 铀浓缩设施工艺特点介绍

铀浓缩设施在满足安全要求方面应被考虑到的都有特点是：

（1）放射性物质的放射毒性相对较低，但却存在对工作人员、公众和环境造成化学和毒理学影响的可能性。这主要是由于：a. 存在与液态 UF_6 相关的操作；b. 涉及大量固态铀化合物的贮存和处理。

（2）存在由火灾导致放射性放射性物质泄漏的可能性。

（3）存在由富集铀操作引发临界事故的可能性。

图 6-1 给出了铀浓缩设施典型工艺流程图。

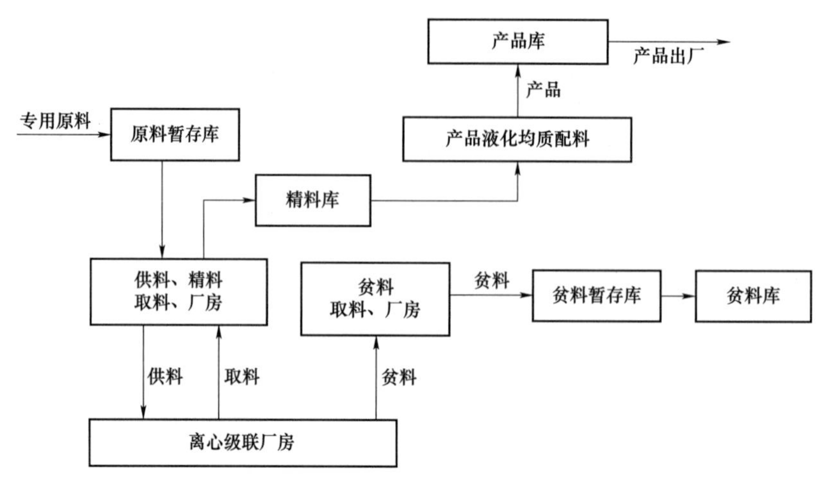

图 6-1　铀浓缩设施典型工艺流程图

6.2.2　铀浓缩设施的事故

HAD002/07-2019《核燃料循环设施营运单位的应急准备和应急响应》给出了铀浓缩设施的四类参考事故：

——大量 UF_6 释放事故，特别是数吨级 UF_6 热罐破裂（特别关注 HF 和重金属铀的化学毒性的危害）；

——临界事故；

——火灾等；

——全厂正常供电和应急电源全部长时间失电事故。

6.2.3　核燃料循环设施的分类

按照《民用核燃料循环设施分类原则与基本安全要求（试行）》的规定，核燃料循环设施包括铀纯化、铀转化、铀浓缩，核燃料元件制造、乏燃料离堆贮存和乏燃料后处理等设施，也包括核燃料循环研究和试验设施以及放射性废物处理、贮存和处置设施等。

核燃料循环设施根据放射性物质总量、形态和潜在事故风险或后果进行分类。按照合理、简化方法，核燃料循环设施分为如下四类：

一类：具有潜在厂外显著辐射风险或后果，如后处理设施、高放废液集中处理、贮存设施等；

二类：具有潜在厂内显著辐射风险或后果，并具有高度临界危害，如离堆乏燃料贮存设施和混合氧化物（MOX）元件制造设施等；

三类：具有潜在厂内显著辐射风险或后果，或具有临界危害，如铀浓缩设施、铀燃料元件制造设施、中低放废液集中处理、贮存设施等；

四类：仅具有厂房内辐射风险或后果，或具有常规工业风险，如天然铀纯化/转化设施、天然铀重水堆元件制造设施等。具体分类见表 6-1。

表 6-1　核燃料循环设施分类举例

类别	设施举例
一类	后处理设施，高放废液集中处理、贮存设施
二类	离堆乏燃料贮存设施，混合氧化物（ MOX）元件制造设施
三类	铀浓缩设施，铀燃料元件制造设施，中低放废液集中处理、贮存设施，具有临界危害的核燃料循环研究设施
四类	天然铀纯化/转化设施，天然铀重水堆元件制造设施，不具有临界危害的核燃料循环研究设施

6.2.4　名词解释

场区

具有确定的边界，在营运单位有效控制下的核设施所在区域。

应急计划区

为在核设施发生事故时能及时有效地采取保护公众的防护行动，事先在核设施周围建立的、制定了应急预案并做好应急准备的区域。

应急行动水平

用来建立、识别和确定应急等级和开始执行相应的应急措施的预先确定和可以观测的参数或判据。它们可能是：仪表读数、设备状态指示、可测参数（场内或场外）、独立的可观察的事件、分析结果、特定应急运行程序的入口或导致进入特定的应急状态等级的其他现象（如发生的话）。

可居留性

用于描述某一区域是否满足可以在其中连续或暂时居留的程度。

纵深防御

通常分为五个层次，每一独立有效层次的防御都是纵深防御的基本组成部分。应确保与安全相关的活动能够纳入独立的纵深防御层次。

第一层次防御的目的是防止偏离正常运行及防止系统失效；

第二层次防御的目的是探测和纠正偏离正常运行状态；

第三层次防御的目的是将事故控制在设计基准范围内；

第四层次防御的目的是控制超设计基准事故，包括阻止事故的发展和缓解事故后果；

第五层次防御的目的是减轻放射性物质大量释放造成的放射性后果。

第7章

事故分析和严重事故预防与缓解

假定的事故类型，核燃料浓缩生产中可能发生的核事故主要有下列几种。

7.1 UF_6泄漏事故

7.1.1 事故源项

UF_6泄漏事故有可能发生在离心工艺供取料厂房和液化均质配料厂房。供取料厂房是供给离心级联原料，并接收分离后的精料和贫料的厂房，该厂房操作 UF_6 的系统主要包括：供料及供料净化系统、精料取料和贫料取料主工艺系统、精料净化系统、真空系统等。液化均质配料厂房主要是将供取料厂房运来的精料经液化均质，取样分析合格后，倒入产品容器，待自然冷却后送入成品库房。该厂房操作 UF_6 的系统主要包括：液化配料工艺系统、取样系统和事故卸料系统。在发生设备失效、控制失效、人因失误、地震等自然灾害时，供料及供料净化系统、精料及精料净化系统、贫料取料系统、液化均质倒料系统可能发生 UF_6 泄漏事故。

核燃料浓缩生产所用的核材料的化学形态是 UF_6，其中 ^{235}U 富集度低于 5%。供取料系统、贫料取料系统不存在液化过程，UF_6 主要以固态或气态存在，即使发生管道破裂或阀门泄漏，也极易控制，不会造成大的影响。只有液化均质配料系统中加热后的 UF_6 处于液态，UF_6 的操作温度达到 93 ℃，由于在 93 ℃下 UF_6 的饱和蒸汽压为 0.33 MPa，再加上轻杂质的影响，实际上此时系统内的压力可达 0.4 MPa，在此状态下，液态 UF_6 管路系统一旦有较大的破口，将造成大量 UF_6 泄漏事故，是铀浓缩厂中泄漏风险最高的环节。

偏保守估计，可能发生的最大假想事故为液化均质倒料厂房安全箱内离压热罐最近的操作阀门发生损坏，导致 UF_6 液体泄漏至容器小室。当管道发生 UF_6 液体泄漏时，系统内的压力报警仪，可发出报警信号，液化容器出口设置电动阀门操作装置，发生泄漏事故后，该装置可在 3 min 内自动关闭容器阀门，切断释放源。并立即切断压热罐的加热电源，停止加热；在进行事故处理过程中，可能有一定量的 UF_6 气体释放到外环境中。

7.1.2 事故分析

由于阀门密封圈损坏或操作阀门时由于用力过大，导致阀芯抽出，可能导致阀门泄漏。

计算公式如下：

$$Q = a_0 F \left(\frac{H_L M_p}{R T_1^2}\right)\left(\frac{T_1}{C_{pl}}\right)^{1/2} \tag{7-1}$$

式中，Q——释放速率（kg/s）；

a_0——泄漏的破口面积为 6.15×10^{-4} m²（管道直径）；

F——管道摩擦阻力的影响，$F^2 = 1/(1+4fL_p/D_p)$，其中 $f = 0.004\ 5$；

H_L——汽化热，7.95×10^4 J/kg；

P——容器内压力，344 000 Pa；

M——摩尔质量，352 kg /（kg-mol）；

R——气体常数，8 314 J/（kg-mol・K）；

T_1——内部温度，366 K；

C_{pl}——液体气化热容，563 J/（kg・K）；

L_p——管道长度，1.0 m；

D_p——管径，0.028 m。

计算得 $Q = 3.34$ kg/s。

由于该阀门距离液化容器出口较近，事故释放的速率较大，需采取一定的工程措施控制事故影响。

93 ℃高温液态 UF_6 释放到安全箱约有 54%瞬间汽化，其余物料以固体形态附着在设备或墙面、地面上。由于对压热罐内容器阀门设置了电动阀门操作装置，可在 3 min 内自动关闭液化容器的出口阀门，此事故工况下约有 601.3 kg 的 UF_6 泄漏到安全箱内。安全箱内 UF_6 最终浓度约为 5.39 kg/m³（安全箱体积为 111.5 m³）。

以某地为例，厂区相对湿度，每公斤空气中的水分含量为 17 g/kg，安全箱的体积为 111.5 m³，共含有约 2.445 kg 水分，这部分水与 UF_6（共反应 23.91 kg）反应生成 5.43 kg HF 气体和 20.92 kg UO_2F_2。

事故发生后，对安全箱进行液氮冷却处理，根据经验，安全箱内可冷冻到 0 ℃以下。假设未排出的 UF_6 均以 5 ℃气态形式密闭在安全箱内，共计 60.28 kg。此时安全箱内 UF_6 浓度为 0.54 kg/m³。此时安全箱内还有冷凝的 UF_6 固体 517.11 kg 和 20.92 kg UO_2F_2。根据工程经验，固体 UF_6 在事故处理过程中可能有约 5%固体即 $517.11\times5\% = 25.86$ kg 转化为气溶胶，其余固体可回收。

在事故处理过程中，约有 5%气态 UF_6，即（60.28+25.86）$\times5\% = 4.307$ kg 通过安全箱门缝泄漏到厂房中，假设不考虑物料沉降，这些物料最终通过厂房全面排风释放到外环境中。其余气态 UF_6 通过局排系统排放到外环境中。假设局排系统过滤效率为 90%，则通过局排系统排到外环境的 UF_6 为 8.183 kg。

所以整个事故过程共向外环境释放 UF_6 为 $4.307+8.183 = 12.49$ kg。

事故过程中产生的 HF 的泄漏方式主要有：5%的 HF 约 0.272 kg 通过安全箱门缝泄漏到厂房中，并随着全面排风排入大气；其余 95%的 HF 进入局排净化系统，其中的 85%（约 4.384 kg）滞留在局部排风的净化装置内，15%（约 0.774 kg）则通过局部排风释放到外部环境中。

7.1.3 预防和缓解措施

1. 发生 UF_6 泄漏时，与安全箱内毒性气体报警装置联锁的电动阀门装置可立即关闭液化容器上的阀门。如果电动阀门装置失效，工作人员也能够在压热罐外迅速通过手动关闭液化容器上的阀门，切断泄漏源，并撤离至厂房外。

2. 厂房内设有毒性气体报警装置并与全排风机、局部排风、安全箱和厂房电动密封门联锁，当发生 UF_6 泄漏时，毒性气体报警装置发出报警信号，并自动关闭正常送排风系统和厂房密封门，减少 UF_6 气体向外环境扩散。

3. 液化前对输送管道进行压力和密封试验。

4. 阀门的开合要用力适度，并通过检查阀门的表面污染检查阀门的密封性。

5. 安全箱内发生泄漏事故后，首先关闭液化分装容器的出口阀门。关闭阀门后，通过设置的接口往安全箱内通入液氮，以迅速冷凝箱内的物料。

6. 安全箱的门采用密封门，保证事故条件下可封闭有害物质，阻止物料向厂房释放。

7. 安全箱内设有局部排风口，可在事故处理过程中保护事故处理人员，并最大限度地使有害气体通过局部排风的净化系统过滤后排放，以减少对环境的污染。

8. 在可能发生事故的现场，设有防护衣、毛毯、液氮和干粉灭火器、CO_2 灭火器等防护用具，以及时堵漏，消除事故源。

9. 事故处理人员必须穿戴防护服（氧气呼吸器或防护衣）及防毒面具等防护用品进入事故现场进行事故处理。

10. 出现事故后，尽快调集人力、物力，有领导、有组织、有计划地处理，以尽量减小事故的影响。

7.1.4 事故对现场工作人员的影响

由以上分析可知，安全箱泄漏事故时 UF_6 通过密封门释放到厂房的量最大，假设工作人员在工作中戴防护口罩，从现场撤离的时间为 10 min，计算此情况下工作人员因吸入所致个人有效剂量为：

$$D=\frac{Q\bullet B_{\mathrm{r}}\bullet \mathrm{DCF}\bullet\{(1-E)\bullet(1-K)+E\}}{\frac{4}{3}\pi\alpha^{3}}\left(\frac{1}{t_1^2}-\frac{1}{t_2^2}\right) \tag{7-2}$$

式中，Q——放射性物质的量，2 912 gU（U 在 UF_6 中占 67.6%）；

B_{r}——操作人员呼吸率，3.3×10^{-4} m^3/s；

DCF——剂量转换因子，0.087 Sv/gU；

α——扩散速度，10 m/s；

t_1——气溶胶云抵达受照者的时间，0.1 s（受照者距泄漏点 1 m 处）；

t_2——受照者滞留场所的时间，600 s；

E——防护器材的侧漏率，口罩 0.25；

K——防护器材的过滤效率，口罩 0.9。

则，D=0.65 mSv。

由以上计算可知，安全箱发生泄漏事故时，现场工作人员所受剂量为 0.65 mSv，未超过规定的剂量限值。

7.1.5　事故处理过程中工作人员所受影响

由以上分析可知，安全箱泄漏事故释放出的 UF_6 量最大，因此，事故处理过程中，工作人员所受剂量最大。工作人员在事故处理过程中戴防毒面具，计算此情况下工作人员对事故进行处理所致个人有效剂量为：

$$D=\frac{Q\cdot B_{\mathrm{r}}\cdot \mathrm{DCF}\cdot\{(1-E)\cdot(1-K)+E\}}{\frac{4}{3}\pi\alpha^{3}}\left(\frac{1}{t_1^2}-\frac{1}{t_2^2}\right) \tag{7-3}$$

式中，Q——放射性物质的量，58 231 gU（U 在 UF_6 中占 67.6%）

B_{r}——操作人员呼吸率，$3.3\times10^{-4}\ \mathrm{m^3/s}$

DCF——剂量转换因子，0.087 Sv/gU

α——扩散速度，10 m/s

t_1——气溶胶云抵达受照者的时间，0.1 s（受照者距泄漏点 1 m 处）

t_2——受照者滞留场所的时间，1 200 s

E——防护器材的侧漏率，口罩 0.001

K——防护器材的过滤效率，口罩 0.999

则，$D=0.085\ 9$ mSv

由以上计算可知，在处理安全箱泄漏事故时，现场工作人员所受剂量为 0.085 9 mSv，未超过规定的剂量限值。

7.1.6　环境影响及后果

1. 在液化均质系统 UF_6 泄漏事故情况下，事故所致最大个人有效剂量出现在 1 100 m 处，幼儿组、少年组和成人组的个人有效剂量分别为 2.76×10^{-3} Sv、3.90×10^{-3} Sv、4.46×10^{-3} Sv，其所致剂量均小于各工程事故工况下公众个人有效剂量控制值（5×10^{-3} Sv）。主要照射途径为吸入内照射。主要的影响核素是 ^{234}U，占最大个人有效剂量的 90.0%。

2. 非放气载流出物对环境的影响

UF_6 发生泄漏事故情况下，事故过程中向外环境释放的 HF 包括全排系统排放的 0.27 kg 和通过局部排风系统排放的 0.77 kg。同时还有 12.49 kg 的 UF_6 排入环境。假设 UF_6 进入环境后全部与水蒸气发生反应，生成 10.93 kg 的 UO_2F_2 和 2.84 kg 的 HF。

计算 F 类稳定度、1 m/s 风速的条件下，泄漏事故工况下 UO_2F_2 其最大浓度 1.02 mg/m^3（400 m）大于其对应的 PAC 1 级限值（0.78 mg/m^3），小于其对应的 PAC 2 级限值（2.5 mg/m^3），会对人体健康产生轻微的、短暂的影响，但不会对厂址周边公众健康产生不可逆的或影响人员采取防护措施的其他严重健康影响。其浓度到 500 m 处已小于其 PAC 1 级限值。其他情况下，UO_2F_2 的最大浓度均小于其对应的 PAC 1 级限值。

厂址边界处 UO_2F_2 的浓度稍高于 PAC 1，但成人吸入铀的量较低，吸入量为 0.36 mg（成人呼吸率按 $3.81\times10^{-4}\ \mathrm{m^3/s}$ 计），远低于 NRC 推荐的 10 mg 可溶性铀急性吸入限值。

吸入可溶性铀的影响是可以接受的。

UF_6 发生泄漏事故工况下 HF 的最大浓度（400 m 处）均小于其对应的 PAC 1 级限值（0.82 mg/m^3），不会对厂址周边公众健康产生不利影响

7.2 临界事故

铀浓缩设施在正常运行过程中，采取了一系列措施能有效避免核临界事故。但是由于在临界安全控制中考虑了质量控制、密度控制，并采取了管理措施，为了从保守角度进行环境影响评价，假设一个临界事故进行环境影响分析。除了废水处理厂房的溶液处理系统外，其他系统的易裂变物质都不可能与水等含氢介质接触，所以，临界事故假设在溶液处理系统。

假设某地的废水处理厂房的溶液处理系统发生临界事故，从临界事故发生开始时，每 10 min 发生一个裂变脉冲，每个裂变脉冲的持续时间为 0.5 s，核临界事故持续 8 h，第一个裂变脉冲的裂变次数为 1×10^{17}，其余 47 个脉冲的裂变次数为 1.9×10^{16}，总裂变次数为 1×10^{18} 次。

根据临界事故的分析计算，临界事故状况下，放射性碘和惰性气体所致厂址边界 900 m 处幼儿组、少年组和成人组的个人剂量分别为 2.05×10^{-3} Sv、2.07×10^{-3} Sv、2.00×10^{-3} Sv。瞬发 γ 、中子所致总剂量为 1.22×10^{-5} Sv 和 5.94×10^{-6} Sv。最大甲状腺剂量出现在厂址边界 900 m 处为 5.72×10^{-3} Sv，小于事故工况下甲状腺当量剂量控制值（10 mSv）。

厂房内的临界报警装置可对事故进行探测和报警。其处理主要是事故后应迅速鉴别受照人员所受个人剂量的数据，对受照人员做出相应的医疗救护；对环境及事故厂房进行监测，确定造成的危害，去污处理以及恢复生产。

7.3 火 灾

核燃料生产过程中存在火灾危险性的岗位，这些岗位一旦失火，可能会对放射性系统的安全造成影响，导致一定量的放射性物质释放到厂房中，需要消防保卫组、监测评价组等应急小组按程序进行应急响应行动。

7.4 地震和洪水

发生有感地震或对放射厂房和工艺系统具有破坏性的地震引发泥石流或全厂断电；接到地方政府防汛指挥部发布的汉江超警戒水位汛情通告，进入应急状态。

7.5 安保事件

核设施或控制区周边遭到敌对势力或不明身份的不法分子的破坏或袭击的安保事件，

进入应急状态。

7.6　相邻核设施的影响

相邻核设施进入应急状态时，邻近核设施进入应急状态。

7.7　多种极端自然事件叠加事故和全厂失电事故

从离心工厂选址阶段外部事件的分析结果，并结合离心工厂厂址所在地气象、水文、地质等方面观测数据来看，厂址所在区域发生极端自然事件的可能性有地震及其引起的次生灾害。

多种极端自然事件叠加发生的可能性有：由于地震引发全厂范围断电事故；地震引发山体滑坡；地震引起山体滑坡，并发生全厂停电事故。多种极端自然事件叠加发生按最严重的后果来考虑，即地震引起山体滑坡，并发生全厂停电事故。

7.7.1　对离心工艺厂房核设施的影响

离心工艺厂房核设施主要包括供取料厂房、贫料厂房、离心级联厂房。在发生烈度达到 7 度的地震时，由于以上厂房都按 7 度或 8 度抗震设防，不会对厂房安全造成影响。在极端情况下，地震引起山体发生滑坡，可能对工程厂址造成影响。

由于地震引发全厂失电情况，离心工程还有附加电源 UPS 可用，可以保证核设施重要系统负荷 8 h 以上，系统完成事故处理仅需要约 30 min，在失电的情况下，离心级联系统进入卸料或应急收料程序，将级联中物料转移至卸料大罐中。全厂失电情况下，供料加热箱或压热罐、保温箱加热停止，增压泵组或补压机停车，供取料系统停止供料和收料，相应的电阀自动关闭，将物料封闭在容器中，管线中的物料利用应急卸料系统管线收取残料，可以保证供取料系统的安全。

在发生全厂断电，同时失去附加电源极端情况下，可以通过手动操作阀门，关闭供料料流，对级联系统进行卸料。即使因发生严重地震等极端情况，造成建筑物内部屋面、围墙倒塌，导致工艺管线、冷却水系统（由主机冷却水系统、补压机冷却水系统和变频器冷却水系统组成）出现局部漏点，考虑系统保护功能丧失和手动操作失效的极端情况，离心级联大厅出现两种情况：

1. 离心级联系统处于负压状态，因此厂房或外部的空气可通过漏点处进入工艺系统，而相应系统内的 UF_6 则不会通过漏点进入厂房，直至内外压力达到平衡，级联系统可在数分钟内实现与厂房压力平衡；

2. 级联大厅的冷却水管，特别是主机连接的冷却水管更容易出现破裂，导致冷却水溢出。

因空气进入系统，空气中的水分将在与 UF_6 发生如下反应，并生成固态的氟化铀酰粉末堆积在系统内。

$$UF_6+2H_2O=UO_2F_2+4HF$$

以某地的浓缩厂为例，考虑大厅日常运行相对湿度不超过 60%，运行上限温度为 20 ℃，按 50%计算大厅日常运行温度为 20 ℃时空气中水分的含量约为 9 g/m^3，经计算，在极端情况下发生大面积泄漏时级联系统几乎所有的物料均以氟化铀酰粉末的形式沉积在工艺系统内，而同时产生的二十多千克的 HF，且以自由扩散的形式通过系统破损处先扩散出工艺管道，然后溶解于主机冷却水管道破裂处的大量冷却水中形成氢氟酸附着在工艺管道上，因此极端情况下不会对场区外造成严重的影响。此时，对于普通水（不是重水）的出现，可能要考虑临界问题，而级联大厅 UF_6 平均 ^{235}U 的浓度低于 1%，总的易裂变核素 ^{235}U 的含量远低于临界质量限值 11.5 kg，因此不会引起临界事故的发生。

对于供取料系统断电、UPS 电源丧失且发生地震等极端情况时，供取料系统的供料、取料等容器均为压力容器，出厂前经过打压、冲击、撞击、挠曲、耐热等考核试验，因此不会出现破裂。此时，供取料系统也处于负压状态，精料和贫料均使用低温冷风箱收料，在断电情况下，还保持有一定的冷量，可以持续进行收料，工作人员可以通过手动操作关闭阀门，截断精、贫料容器与管道间的连接。供料系统压热罐或加热箱中供料容器压力也低于大气压，容器内物料因失去加热温度下降，饱和蒸气压降低，不会造成 UF_6 大漏，并且所有供料容器均包容在压热罐或加热箱中。存在于供取料厂房其他工艺管道中的 UF_6 总量（非固态）估算约为 50 kg，即使所有的保护系统功能丧失，供电中断，手动操作失效的极端情况，泄漏量也不会超过 50 kg，考虑负压情况下在系统内与漏入的水蒸汽反应，反应消耗掉约 5 kg，且剩余 UF_6 则是通过自由扩散的形式先扩散至供取料厂房内，然后再扩散至厂房外。根据工程的最终安全分析报告的结论，极端情况下 UF_6 泄漏事故不会对场区外造成严重影响。

7.7.2 对液化均质配料厂房、专料库房、废水处理厂房等核设施的影响

液化均质配料厂房、专料库房、废水处理厂房一般与离心工艺厂房设计在厂区不同区域，这个可能发生的多种极端自然事件为：发生破坏性地震的同时造成全厂区停电事故。

在发生上述事故的情况下，由于专料库房中原料、精料、贫料均用国际标准钢制容器盛装，均经过高空跌落、耐压、耐高温等实验，即使发生建筑物倒塌，也不会造成核物料泄漏。全厂区停电事故对核物料储存安全没有影响。

废水处理厂房、大容器清洗厂房均为间断工作，即使在工作过程中发生极端地震和停电事故，由于系统中 UF_6 的量极少，不会产生严重的事故后果。废水池贮存的经处理合格（铀浓度小于 50 μg/L）的废水，因地震造成贮存池废水全部泄漏，也不会造成严重的事故后果。污废真空泵油暂存于钢制容器中，储存量较少，极端地震事故不会造成严重事故后果。

目前铀浓缩设施 UF_6 的操作形态有气态、液态、固态。由于气态操作是在负压状态，除供料系统外，均在 10 kPa 以下，供料系统的减压阀前很小的一部分系统压力较高（70 kPa 以下），但也是负压状态。这种状态下的系统发生泄漏时，首先是外部空气漏入系统，并且由于反应生成 HF 使得系统压力升高，随后释放一定的 HF 气体并伴随着含铀气溶胶。总的来说，由于气态负压下系统处于危险状态的量很低，且发生泄漏后容易控制，所以这种工艺系统具有固有安全性。UF_6 在常温常压下是固态，虽然此状态下的 UF_6 可以直接升

华为气体，但 UF_6 与空气接触后生成致密的 UO_2F_2 覆盖在固体的表面，可阻止内部 UF_6 的继续蒸发，国内外多年的实践经验证明，固态 UF_6 操作的危险也容易控制。

通过多年的实践，国内外普遍认为，UF_6 的气态正压和液态操作具有一定的危险性。离心工厂各工程均没有 UF_6 的气态正压操作，只有液化均质卸料过程存在液态操作。

液化均质卸料系统的主要薄弱环节是液化容器与产品容器之间的管道连接。这些管道一部分包容在压热罐中，一部分包容在密闭的管廊和卸料小室中，还有一部分包容在密闭的安全箱中。包容在压热罐内、密闭的管廊和卸料小室中的管道发生如果发生泄漏，物料泄漏在密闭的、坚固的空间，不会释放到环境中。安全箱的抗意外撞击的强度要小些，因此包容在安全箱中的管道、阀门发生泄漏后，向外释放的可能性相对要大些。但是液化均质厂房也是密封的，是防止物料外泄的又一道安全屏障。为了避免这部分管道在发生物料大量泄漏，及时切断泄漏源，在压热罐外设置了液化容器出口阀关闭装置，有电动和手动两种控制方式。电动方式与 HF 气体检测报警装置连锁，可以在泄漏发生后不到一分钟的时间内关闭液化容器出口阀，手动方式可在两分钟内关闭液化容器出口阀。也就是说，在两分钟内，完全能够切断泄漏源。具体事故分析见 3.1.1 节。

第 8 章

应急状态分级和应急行动水平

对于大多数核燃料加工、处理设施，与核电厂或反应堆相比，其生产过程放射性物质的量或者事故时潜在可释放的放射性物质的量比较少，所以，事故的场外后果大多是有限的，以至于一般不需要考虑场外应急防护行动。表 8-1 给出依据 EJ/T 988 评价铀燃料制造厂核临界事故使公众使用到的照射剂量的结果。这些数据表明，场外公众可能受到的照射剂量远低于国家规定的干预水平。

表 8-1　铀燃料制造厂核临界事故可能的公众受照射剂量的评价结果

距事故点的距离/km	幼儿/mSv	少年/mSv	成人/mSv	备注
0～1	0.40	0.38	0.37	
1～2	0.038	0.033	0.030	
2～3	0.034	0.030	0.027	
3～5	0.003 5	0.002 7	0.002 3	

对于可能发生较大量 UF_6 释放的核燃料循环设施，在确定应急状态分级时需考虑 UF_6 与空气中的水或水蒸气作用产生的 HF 等的化学毒性的危害。

（1）应急待命出现可能危及设施安全的某些特定工况或事件，表明设施安全水平处于不确定或可能有明显降低。

（2）厂房应急设施的安全水平有实际的或潜在的大的降低，但事件的后果仅限于厂房或场区的局部区域，不会对场外产生威胁。

（3）场区应急设施的工程安全设施可能严重失效，安全水平发生重大降低，事故后果扩大到整个场区，除了场区边界附近，场外放射性照射水平不会超过紧急防护行动干预水平或由核事故引发的化学毒性的危害不会影响到场外，早期的信息和评价表明场外尚不必采取防护措施。

核安全导则《核燃料循环设施营运单位的应急准备和应急响应》HAD002/07 第“4.2 应急行动水平”规定：营运单位应根据核燃料循环设施的设计特征和厂址特征，确定用于应急状态分级的初始条件及其相应的应急行动水平。在首次装（投）料前，申请运行许可证时，应提交应急行动水平及编制说明；在运行阶段，应根据运行经验反馈，对其进行持续修订完善。

应急行动水平应具有以下基本特征：

（1）一致性。在相类似的风险水平下，由应急行动水平可得出相类似的结论。不同核燃料循环设施，只要应急状态等级相同，则其代表的风险水平和所需要的应急响应水平是大致相同的。

（2）完整性。应急行动水平应包括可触发各个应急状态的所有适用条件。

（3）可操作性。应急行动水平应尽量使用客观、可观测的值，以便于快速、正确地识别，并以此判断应触发的应急状态等级。

（4）逻辑性。在多重事件组合的分级中，应考虑事件进程的逻辑性。

应急行动水平一般采用初始条件和应急行动水平矩阵的形式。矩阵中应至少包括识别类、应急状态、初始条件、应急行动水平等技术要素。识别类应便于操作，并能够覆盖所有制定的应急行动水平。由于核燃料循环设施类型多，不同的设施可有不同的识别类。一般可采用如下 5 种识别类：

（1）辐射水平或放射性流出物异常；

（2）影响核燃料循环设施安全的危害和其他事件；

（3）系统故障；

（4）放射性物质包容和屏蔽性能降低；

（5）考虑到核燃料循环设施的事故和特征，除上述 4 种识别类外，还可以事件或事故始发作为初始条件。

制定的应急行动水平文件还应对应急状态等级的确定、升级、降级原则进行规定。

8.1　铀浓缩设施应急状态分级

根据核安全导则《核燃料循环设施营运单位的应急准备和应急响应》HAD002/07 和《民用核燃料循环设施分类原则和基本安全要求（试行）》，核燃料浓缩生产线应急状态一般分为应急待命和厂房应急，也可能包括局部区域场区应急。

8.1.1　应急待命

应急待命对应于可能造成或引发潜在危险的特定事故。某些设备故障、内部或人为事件或严重的自然灾害（地震、洪水）均有可能造成核燃料生产线进入应急待命状态。进入应急待命后，应急指挥部等各应急组织应迅速采取响应行动，缓解事故及其后果。在应急待命状态下，随着情况的不断变化（如少量 UF_6 泄漏发展到大量 UF_6 泄漏时）达到厂房（或场区）应急水平时，应急待命升级为厂房（或场区）应急，按相应应急等级进行处理。

8.1.2　厂房应急

厂房应急对应于厂房内所发生的事故，需要离心工厂内应急组织以及设施工作人员做出响应。这一应急状态下，放射性的异常释放仅局限于车间或者厂房的局部区域，而对厂房外的危害很小或造成厂房外的影响不大。

在厂房应急状态下，由于离心工厂各应急组织采取了改善设施运行状态、有效控制与缓解事故及其后果，必要时需要事故现场附近人员暂时撤离，对事故影响区域进行出入控制。同时按规定程序将事态的性质和严重程度报告国家核应急办、国家核安全局、国防科工局、所在地区核与辐射安全监督站、省级核应急办、中核集团公司应急办报告事故情况，并保持在事故过程中的紧密联系，必要时通报厂外技术支持单位请求外部支援。

在厂房应急状态下，由于各项处理措施比较及时，情况稳定后，解除应急状态，恢复正常生产。

8.1.3　场区应急

场区应急对应于自然灾害、厂房内发生大量 UF_6 泄漏和临界事故，辐射及化学危害仅限于场区内及场区边界附近，不会对场外构成威胁。在该应急状态下，离心工厂应急组织采取响应行动，改善设施的运行状态，有效控制与缓解事故及其后果。必要时，通报离心工厂外支援机构提供支援。在特殊的情况下，需要采取的防护行动可能包括撤离某些设施内人员或将离心工厂的一定区域进行隔离，进行场区外环境监测。同时按规定程序将事态的性质和严重程度报告国家核应急办、国家核安全局、国防科工局、所在地区核与辐射安全监督站、省级核应急办、中核集团公司应急办报告事故情况，并保持在事故过程中的紧密联系。

8.2　铀浓缩设施应急行动水平

根据确定的初始条件，以及铀浓缩离心工程的工艺特点、环境特征制定营运单位的核事故应急初始条件、应急行动水平和识别类别。初始条件和应急行动水平详见表 8-2。

表 8-2　应急分级和应急行动水平一览表

进入条件	场区应急（S）	厂房应急（A）	应急待命（U）
事故或事件始发（E 类）			
临界事故	ES1：厂房发生核临界事故		
	EAL1—ES1：废水处理和容器清洗厂房临界报警仪的有效读数超过报警阈值 10 mGy/h，临界报警器、电铃、警示灯发出信号。 EAL2—ES1：级联大厅、供取料厂房临界报警仪的有效读数超过报警阈值 10 mGy/h，临界报警器、电铃、警示灯发出信号。		
UF_6 泄漏事故	ES2：液化均质厂房发生 UF_6 大漏	EA2：放射性厂房发生 UF_6 泄漏	EU2：放射性厂房发生 UF_6 少量泄漏
	EAL1—ES2：液化均质配料厂房液化容器在加热过程中，液态取样或液态倒料管道或阀门破裂，容器内液态 UF_6 持续泄漏在 20 min 以上。	EAL1—EA2：供取料厂房供取料容器供取料管道或阀门破裂，UF_6 泄漏持续 10 min 以上，现场运行人员仍无法控制；或 EAL2—EA2：液化均质配料厂房产品容器、取样器连接处发生 UF_6 泄漏，持续 10 min 以上，现场运行人员仍无法控制；或 EAL3—EA2：50 L 容器持续泄漏在 10 min 以上。	EAL1—EU2：供取料厂房供取料容器供取料管道或阀门连接密封破损，发生少量 UF_6 渗漏，在 10 min 以内现场运行人员已控制；或 EAL2—EU2：液化均质配料厂房产品容器、取样器连接密封破损，发生少量 UF_6 渗漏，在 10 min 以内现场运行人员已控制；或 EAL3—EU2：50 L 容器发生少量 UF_6 渗漏，运行人员在 10 min 内已控制。

续表

进入条件	场区应急（S）	厂房应急（A）	应急待命（U）
辐射水平或放射性流出物异常（A 类）			
放射性气态超标排放	AS3：放射性厂房现场或外环境污染物浓度超过管理限值 100 倍。	AA3：放射性厂房现场或流出物超过管理限值 10 倍。	AU3：放射性厂房现场或流出物超过管理限值 5 倍。
	EAL1—AS3：液化均质厂房现场 HF 气体报警仪持续超量程报警，且外环境铀气溶胶浓度达到 200 μg/m³。	EAL1—AA3：液化均质或供取料厂房现场 HF 气体报警仪显示 HF 浓度确达到 10 ppm（探测上限）； EAL2—AA3：经取样分析确认液化均质或供取料厂房放射性流出物的非计划排放超过 20 μg/m³。	EAL1—AU3：液化均质或供取料厂房现场 HF 气体报警仪显示 HF 浓度确达到 5.60 ppm； EAL2—AU3：经取样分析确认液化均质或供取料厂房放射性流出物的非计划排放超过 10 μg/m³。
影响铀浓缩离心设施安全的危害和其他事件（H 类）			
火灾	HS4：放射性厂房火灾。	HA4：已致系统安全性下降的放射性厂房火灾。	HU4：中央控制室或供电间火灾。
	EAL1—HS4：在下列厂房内发生火灾，电缆被烧坏：级联大厅、供取料厂房、液化均质厂房、中央控制室、UPS 供电间。	EAL1—HA4：在下列构筑物中发生火灾，同时受影响的系统的运行能力和安全性能已经下降：级联大厅、供取料厂房、液化均质厂房。	EAL—HU4：在下列区域或其附近区域的建筑物内发生的、或经控制室报警器确认后 15 min 没有扑灭的大火：中央控制室、UPS 供电间。
停电		HA5：发生全厂失电事件。	
		EAL1—HA5：发生全厂失电事件。	
保安事件	HS6：发生在实保控制区内，核设施遭遇威胁。	HA6：发生在实保控制区的保安事件。	HU6：可能发生或发生在实保控制区外的保安事件。
	EAL1—HS6：已经或正在发生在实保控制区内影响核设施的骚乱或恐怖活动。	EAL1—HA6：已经或正在发生的影响核设施控制区安全的骚乱或恐怖活动。	EAL1—HU6：控制区外发生的骚乱或恐怖活动；可能会影响到周界实体屏障的行为。
自然灾害	HS7：超设计基准地震或地震引发场内泄漏。	HA7：地震引发厂房内泄漏。	HU7：有感地震或超警戒洪水。
	EAL1—HS7：发生超出设计基准的地震，或因地震导致系统发生局限在场区内的泄漏。	EAL1—HA7：因地震导致系统发生局限在厂房内的泄漏。	EAL1—HU7：发生有感地震但系统未发生泄漏； EAL2—HU7：接到汛情通告：河流超警戒水位洪峰到达前 1 h。

表 8-2 中取样分析方法见详见表 8-3，事故情况下自应急待命状态起即刻启动应急监测，连续不断取样，每 30 min 送样监测，直至恢复行动结束。

表 8-3　气溶胶、流出物等样品的分析方法与设备

监测项目	分析方法及参照标准方法	设备
微量铀	空气　铀的测定　液体荧光法（Q/IH・J—11・15） GB 12377—90 空气中微量铀的分析	微量铀分析仪
氟化物	空气　氟化物的测定滤膜法采样离子选择电极法（Q/IH・J—11・44） HJ480-2009 环境空气氟化物的测定滤膜采样氟离子选择电极法	离子活度计

第9章

应急组织

核安全导则《核燃料循环设施营运单位的应急准备和应急响应》HAD002/07 要求：营运单位应在应急预案中列出正常运行组织的应急准备职责和场内应急组织的应急响应职责。

9.1 应急组织的主要职责和基本组织结构

营运单位应成立场内统一的应急组织，其主要职责是：

（1）执行国家核应急工作的方针和政策；

（2）制定、修订和实施场内核应急预案及其执行程序，做好核应急准备；

（3）规定应急行动组织的任务及相互间的接口；

（4）及时采取措施，缓解事故后果；

（5）保护场内和营运单位控制区域内人员的安全；

（6）及时向国务院核工业主管部门、核安全监督管理部门和省、自治区、直辖市人民政府指定的部门报告事故情况并与场外核应急组织协调配合。

营运单位应急组织包括应急指挥部和若干应急行动组。营运单位的应急预案应明确规定应急指挥部及各应急行动组的职责，设立相应的应急岗位，配备经提名和授权的合格岗位人员。

营运单位的应急组织应具备在应急状态下及时启动及连续工作的能力。

9.2 铀浓缩设施场内应急组织及职责

铀浓缩设施场内应急组织由应急指挥部、应急办公室、技术支持组、事故抢险组、消防保卫组、监测评价组、医疗救护组、后勤保障组、舆情应对组组成，场内应急组织框图见图 9-1。

9.2.1 应急指挥部

应急指挥部是浓缩厂在应急状态下进行应急响应的领导和指挥机构。应急指挥部由总指挥及其他成员组成。应急总指挥由浓缩厂法定代表人或法定代表人指定的代理人担任。

应急预案中应明确应急总指挥的替代人及替代顺序。应急总指挥及其替代人应具备 5 年以上铀浓缩设施生产相关管理经验。

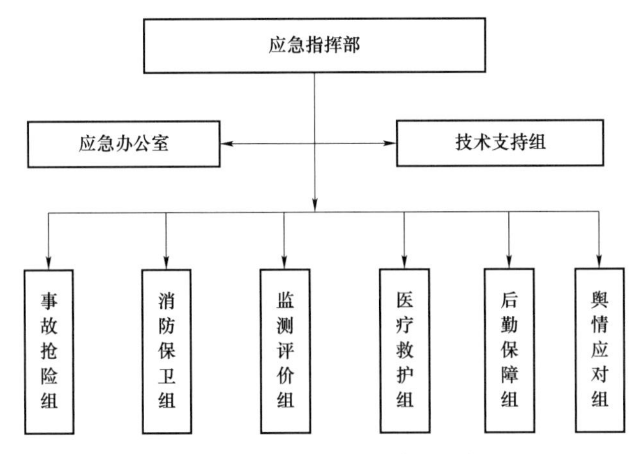

图 9-1　铀浓缩厂场内应急组织框图

9.2.1.1　应急指挥部的职责

（1）应急总指挥负责统一指挥应急状态下场内的响应行动，批准进入和终止应急待命、厂房应急和场区应急状态（紧急情况下，在应急指挥部启动前，运行值班负责人应代行应急总指挥的职责）；

（2）及时向国家核应急办、国家核安全局、国防科工局、所在地区核与辐射安全监督站、省级核应急办、中核集团公司应急办报告事故情况，并保持在事故过程中的紧密联系；

（3）必要时向场外核应急组织请求支援。

9.2.1.2　应急指挥部的组成

应急指挥部由应急总指挥、现场总指挥、各应急响应小组组长及应急指挥中心联络员、值班人员等组成。

（1）应急总指挥：由离心工厂董事长担任，在应急状态时全面负责决策、指挥和协调离心工厂内的应急响应行动；宣布和终止离心工厂内的应急状态，包括采取控制、缓解事故的行动，采取保护场内工作人员的应急防护行动；向场外各级应急组织、国务院核安全监督管理部门、上级主管部门报告或通报核应急信息；必要时，请求核应急支援；组织指挥场内恢复行动；

1）总指挥第一替代人：由离心工厂总经理担任，依据离心工厂董事长的授权代行应急总指挥的职责；

2）总指挥第二替代人：由离心工厂副总经理（安全）担任，依据应急总指挥或其第一替代人的授权，当董事长和总经理不在时，代行应急总指挥职责；

3）总指挥第三替代人：由离心工厂总工程师担任，根据应急总指挥或其第一、第二替代人的授权，当公司董事长、总经理、副总经理（安全）不在时，代行应急总指挥职责；

（2）现场总指挥：由离心工厂负责主管工艺技术的领导担任，应急状态下担任现场总指挥，指挥和协调抢险现场各应急组的抢险行动，提供现场事故信息，协助应急总指挥进行应急状态时的决策。

（3）各应急小组组长：在整个事故应急过程中，上与离心工厂应急指挥部及现场指挥联系，下与本组应急人员联系，传达离心工厂应急指挥部的应急指令，向指挥部报告事故现场情况及本组的应急响应实施情况。

（4）应急指挥部中心联络员、值班人员：在事故应急过程中负责及时将应急指挥部发布的指令向各专业组进行传达、及时将事故进展向上级主管部门汇报，接收各专业组的汇报并及时向应急指挥部汇报，发布应急通告等。

9.2.2 应急办公室

应急办公室一般设在安全管理部门，应急办公室负责人由安全管理部门负责人担任，其他成员由安全管理部门各科室相关人员组成，在事故应急时成为监测评价组的一部分，完成核事故应急的业务工作，包括组织监测、资料接收等。

9.2.3 应急行动组

核安全导则《核燃料循环设施营运单位的应急准备和应急响应》HAD002/07 第“3.4.1 应急行动组”规定：营运单位应根据积极兼容的原则设置若干应急行动组，并配备合适的人员。应急行动组一般包括技术支持组、辐射防护组、事故抢险组、后勤保障组、公众信息组等。营运单位在建立应急组织时可采取不同的方案，但应涵盖下述职责：场内各系统的运行、操作，辐射测量与后果评价，临界安全评价，防护行动实施（隐蔽、撤离及人员清点、失踪人员搜救等），医学救护，应急通讯，应急照射控制，消防与保卫，交通运输与器材、物资供应、后勤保障，公众信息与舆情应对。应急状态下，各应急行动组应保持与应急指挥部及其他相关应急行动组之间通畅的通信联系。

9.2.3.1 技术支持组

（1）技术支持组的主要职责为：

1）对应急状态进行初步评价，向应急指挥部提出应急状态等级的建议；

2）掌握事故状态，分析、评价事故，向事故抢险组提供有关诊断事故、采取对策方面的建议和指导；

3）向应急指挥部推荐可行的应急响应行动，或者根据事故诊断、评价，提出应采取的防护行动建议。

（2）技术支持组组长一般由技术部门负责人担任，其他成员由不同专业人员组成，为各种事故的处理决策提供技术支持。在发生事故后集中至应急指挥中心或在能保证通讯畅通的固定地点，为事故应急指挥的决策、响应行动提供技术支持，以确保应急行动和缓解事故的措施准确得力。

9.2.3.2 事故抢险组

（1）事故抢险组的主要职责为：

1）负责应急状态时事故现场抢险工作，控制事故延续，直至应急终止；

2）负责失踪人员搜救工作；

3）组织队伍、配备足够的专业人员，并及时投入、补充、替换人员；

4）对应急设备、物资进行日常维护。

（2）事故抢险组组长一般由生产运行部门负责人担任，其他成员由生产运行部门根据设施运行特点，选取对供取料、液化均质、废水处理、容器清洗工艺熟悉，身体健康、沉着冷静、反应机敏、奉献担当的人员组成。在发生事故后迅速集结至事故地点，按照应急指挥部的指令开展抢险工作。生产运行部门当班运行人员自动成为事故抢险组的一部分，接受事故抢险组组长的统一指挥，协同实施抢险活动。

（3）在同一区域的核设施，应设立统一的事故抢险组；不同区域的核设施应设立各自的事故抢险组。各事故抢险组之间保持联系，相互支援，物资共享。

9.2.3.3　消防保卫组

（1）消防保卫组的主要职责为：

1）场内火灾事故的现场扑救及人员解救；

2）其他事故的现场警戒和道路封锁；

3）必要时联系和协调驻厂武警参与。

（2）消防保卫组组长一般由消防保卫部门负责人担任，其他成员由消防和生产保卫相关人员组成。

9.2.3.4　监测评价组

（1）监测与评价组主要职责为：

1）负责场内辐射和化学监测，对场内污染区域进行调查、评价、划分、标记和控制；

2）开展必要的场外辐射调查、取样、分析和评价；

3）在发生临界事故时，提出场内、外辐射防护行动建议，确定工作人员服用稳定碘的要求和发放；

4）组织适当人员、提供相关设备支持辐射防护应急响应行动，监督、评价和控制应急工作人员的受照剂量；

5）其他辐射防护工作。

（2）监测评价组组长一般由监测分析部门的负责人担任，其他成员由工厂职业照射管理人员、环境监测、剂量分析主要人员组成。

9.2.3.5　医疗救护组

（1）医疗救护组主要职责为：

1）负责事故受伤和受辐照人员的应急医疗现场救护；

2）及时转送专业医院和支持医疗医院救助伤员。

（2）医疗救护组组长一般由签约医院的负责人担任，其他成员由医院专业人员组成。

9.2.3.6　后勤保障组

（1）后勤保障组主要职责为：

1）保证事故应急所需的物资供应，为事故应急提供后勤物资保障；

2）应急所需车辆的调度；

3）应急工作人员和临时增援工作人员的食宿、生活安排等。

（2）后勤保障组组长一般由物资管理部门的负责人担任，其他成员由物资管理人员、车辆调度人员、办公室相关人员组成。

9.2.3.7　舆情应对组

通常在应急总指挥直接领导下，管理应急期间公众信息工作。

（1）舆情应对组的主要职责为：

1）及时了解事故信息；

2）收集公众、社会的反映，以便开展适当的沟通；

3）准备和提供有关资料；

4）根据授权，做好新闻发布会的准备。

（2）舆情应对组组长一般由宣传部门的负责人担任，其他成员由宣传部门、应急办公室相关人员组成。

9.2.4　各应急组织担当人及替代人

为保证核事故应急时的决策、指挥和协调顺利进行，规定各应急组织担当人和其替代人在没有进行核事故应急职责临时委托的情况下，不能同时出差。各应急组织担当人及替代人顺序见表 9-1。

表 9-1　各应急组织担当人及替代人顺序

序号	应急组织担当人岗位	担当人	替代人
1	应急总指挥	董事长	第一替代人：总经理 第二替代人：副总经理（安全） 第三替代人：总工程师
2	现场总指挥	工厂负责主管工艺技术的领导	生产技术部门负责人
3	技术支持组组长	技术部门负责人	技术管理部门副职
4	应急办公室	安全管理部门负责人	安全管理部门副职
5	事故抢险组长	生产运行部门负责人	生产运行部门副职
7	消防保卫组组长	消防保卫部门负责人	消防保卫部门副职
8	监测评价组组长	监测分析部门负责人	监测分析部门副职
9	医疗救护组组长	签约医院院长	签约医院副院长
10	后勤保障组组长	物质管理部门负责人	物资管理部门副职
11	舆情应对组组长	宣传部门负责人	宣传部门副职

9.3　与场外核应急组织的接口

9.3.1　国家、地方政府部门的支持

进入应急状态时，场内应急组织应采取措施使核设施恢复安全状态，尽可能降低和减少事故危害，同时按规定向国家核应急办、国家核安全局、国防科工局、所在地区核与辐射安全监督站、省级核应急办、中核集团公司应急办通告、报告事故情况。必要时，可首先请求省级核应急办协助、支援场内应急响应。铀浓缩工厂应急组织与场外应急组织联系

图见图 9-2。

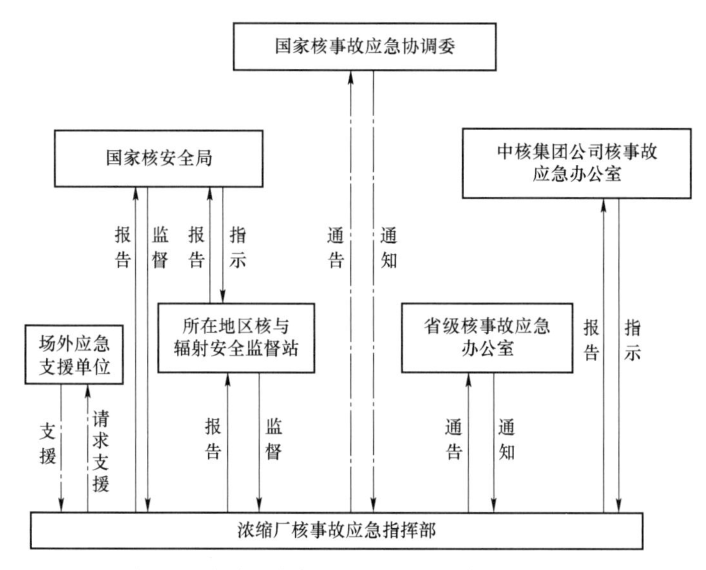

图 9-2　浓缩厂应急组织与场外应急组织联系图

9.3.2　主管部门的支持

公司上级中国核工业集团有限公司设立应急指挥部，指挥部下设应急办公室、专家咨询组、应急技术后援中心，负责工程抢险、辐射后果评价和医学救护咨询等。浓缩厂需要厂外应急支援时，可请求集团公司应急指挥部协调集团公司专家咨询组和（或）应急技术后援中心，提供应急事故评价、缓解行动和恢复行动等技术咨询支持。

9.3.3　与场外应急支持机构的协调

当发生 UF_6 大量泄漏或临界事故时，可能造成 HF 灼伤或超剂量照射，需要专科医院医疗救护支援，根据就近快速的原则，选择签约医院和支持医疗医院为专科医治医疗救护支援单位。火灾事故较大时，可请求县、市地方消防力量予以支援。其他类事故，浓缩厂内部自有设施和力量若可以满足应急需要，一般不需要浓缩厂外机构支援。

火灾事故若需外部力量支援，根据公安系统规定，可直接拨打 119 报警电话向地方消防机构请求支援。

第10章

应急设施和应急设备

核燃料循环设施营运单位应根据日常运行和应急相兼容的原则，设置相应的应急设施。在应急预案中对主要应急设施作出明确的规定和必要的说明，并描述各主要应急设施内应急相关文件、物资、器材的基本配置。

10.1 应急指挥中心

核安全导则《核燃料循环设施营运单位的应急准备和应急响应》HAD002/07 规定：营运单位应在场区适当的地点建立应急控制中心。在应急状态下，应急控制中心是营运单位实施应急响应的指挥场所，还可以是某些应急行动组的集合与工作场所。

为提高铀浓缩设施核事故应急处置能力，做到集中统一协调指挥铀浓缩设施核事故应急，为核应急过程中提供各类应急信息和通讯联络等技术支持，提供满足核应急状态应急指挥人员可居留场所，必须建立铀浓缩设施应急指挥中心。

10.1.1 地理位置

应急指挥中心是浓缩工厂核事故应急能力建设项目的重要建设内容。以某浓缩厂为例：应急指挥中心面积约 200 m^2，位于离心厂房保护区出入口附近，距浓缩厂主要的核设施运行厂房的距离小于 800 m，具备满足相关设施安装使用空间和条件，以及正常情况和事故状态下人员的可居留性。

10.1.2 主要功能

应急指挥中心在铀浓缩设施核事故应急状态时，利用其齐全的通讯手段指挥协调铀浓缩设施内各应急组织和事故单位进入应急状态，实施应急行动。核事故应急响应期间，指挥、管理和协调应急响应行动，同时能够及时获取与采取应急响应行动有关的数据和信息，为核事故应急指挥提供支持。配备有应急柴油发电机，具备极端条件下可居留性和保障措施。

10.1.3 主要应急设备设施

应急指挥中心设置直拨电话和传真，是日常调度联络的主要通讯设施。应急中心配置大屏幕指挥控制系统、视屏监控系统、应急广播系统、核应急电脑终端、核应急综合管理平台、核事故后果评价系统等。配备必要的个人防护用品，应急环境监测车、各种监测设备和分析设备。

应急指挥中心配属小型气象站，为生产区域实时气象状况提供参数。

应急指挥中心配属应急柴油发电机，保障在外电源全部失去时的应急供电。

表 10-1　某浓缩厂应急设施和应用平台构成表

序号	应急设备设施名称	数量	单位	备注
1	通讯系统	1	套	
2	大屏幕指挥控制系统	1	套	
3	视屏监控系统	1	套	
4	智能拼接屏幕	1	套	核应急电脑终端显示 12 块，核应急视频监控系统显示 12 块
5	应急广播系统	1	套	
6	核应急电脑终端	6	台	
7	核应急综合管理平台	1	套	
8	核事故后果评价系统	1	套	
9	应急环境监测车	1	辆	车内配有放射性气溶胶连续监测仪、气象监测仪等
10	气象站	1	套	可测量实时风速、风向、温度、湿度等
11	应急柴油发电机	1	台	

10.1.3.1　通讯系统

核安全导则《核燃料循环设施营运单位的应急准备和应急响应》HAD002/07 规定：核燃料循环设施营运单位的应急通讯系统应具备下列功能：保障在应急期间营运单位内部（包括各应急设施、各应急组织之间）以及与国务院核安全监督管理部门、场外核应急组织等单位的通信联络和数据信息传输；具有向国务院核安全监督管理部门进行实时在线传输设施重要安全参数的能力。

浓缩厂应急指挥中心 24 小时有人员值班，设置至少 4 部调度电话，配备 2 台应急传真机，每台传真机应具有一机多发的功能；另外为调度电话设置有蓄电池，保证外线电源失电时，调度电话可维持运行 1 小时以上。事故应急指挥部及各应急组的相关人员均配备移动电话，内外通讯方便。核事故应急组配对讲机，以满足应急通讯要求。

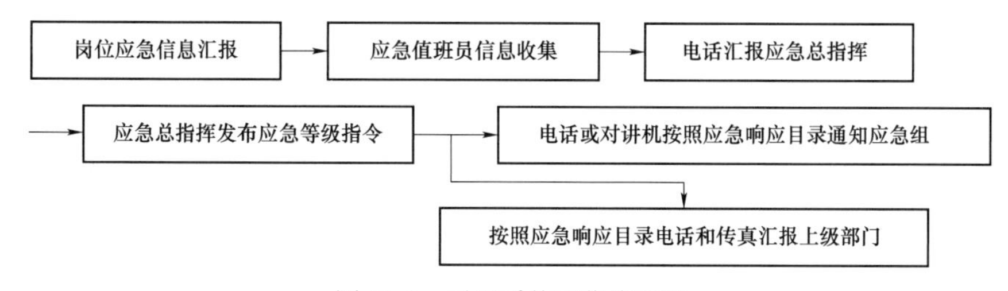

图 10-1　通讯系统工作流程图

10.1.3.2　大屏幕指挥控制系统

通过智能拼接系统实现核应急电脑显示内容在 3 × 4 拼接显示终端上切换显示。

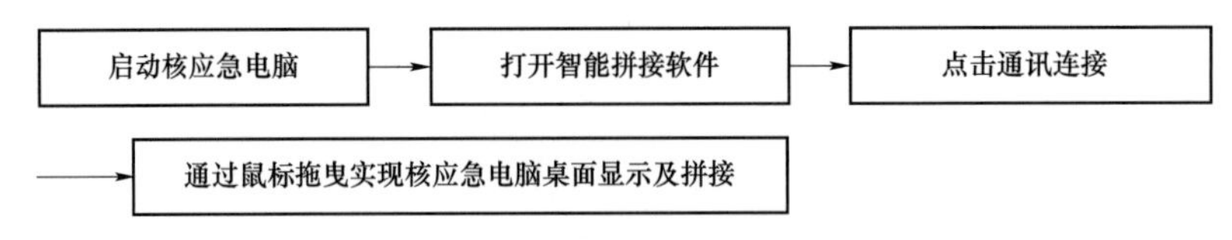

图 10-2　大屏幕指挥控制系统工作流程图

10.1.3.3　核应急视屏监控系统

设置核事故视频监控系统，显示画面实时覆盖铀浓缩设施核事故应急场所及疏散路线和应急集合点，通过智能拼接系统实现核应急电脑显示内容在 3×4 拼接显示终端上切换显示应急现场画面，为核事故应急过程中应急总指挥指挥抢险应急行动决策提供事故现场信息支持。

表 10-2　某浓缩厂核应急视频监控系统摄像机分布表

<table>
<tr><th>序号</th><th>应急区域</th><th colspan="8">摄像机图像覆盖位置</th></tr>
<tr><td>1</td><td>铀浓缩生产区域</td><td colspan="3">控制室</td><td colspan="2">供取料厂房</td><td>厂房应急集合点</td><td>自然灾害应急集合点</td><td>应急疏散路线</td></tr>
<tr><td>2</td><td>铀浓缩化工区域</td><td>液化均质厂房控制室</td><td>液化均质厂房</td><td>容器清洗厂房</td><td>废水处理厂房</td><td>厂房应急集合点</td><td colspan="2">场区应急集合点</td><td>应急疏散路线</td></tr>
<tr><td>3</td><td>场外道路</td><td colspan="5">应急物资运输道路路况</td><td colspan="3">场区应急道路管制点</td></tr>
</table>

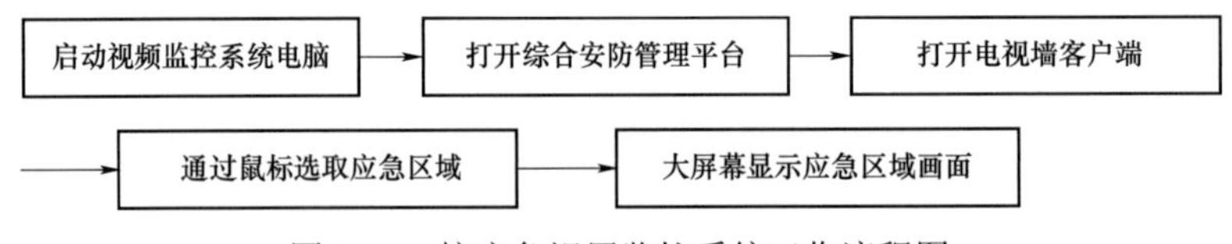

图 10-3　核应急视屏监控系统工作流程图

10.1.3.4　应急广播系统

应急广播系统应覆盖铀浓缩生产区域，在有 UF_6 供取料厂房和液化均质厂房及每一个分区疏散道路上设置扬声器，实现应急过程中应急信息的发布和通知。应急广播系统主机设置在应急指挥中心设备间。

表 10-3　某浓缩厂应急广播系统构成和分布表

<table>
<tr><th>应急广播系统构成表</th><th colspan="2">应急广播系统分布表</th></tr>
<tr><td>设备名称</td><td>应急广播区域</td><td>安装位置</td></tr>
<tr><td>寻呼控制台</td><td rowspan="2">铀浓缩工厂生产区域</td><td>控制室</td></tr>
<tr><td>数字调谐器</td><td>供取料厂房</td></tr>
<tr><td>DVD 播放器</td><td rowspan="4">铀浓缩工厂化工区域</td><td>液化均质控制室</td></tr>
<tr><td>网络资源整合模块</td><td>液化均质厂房</td></tr>
<tr><td>音频转换器</td><td>容器清洗厂房</td></tr>
<tr><td>分布式智能控制器</td><td>废水处理厂房</td></tr>
<tr><td>功率放大器</td><td rowspan="2">疏散道路</td><td>铀浓缩生产区域周界</td></tr>
<tr><td>扬声器</td><td>化工区域周界</td></tr>
</table>

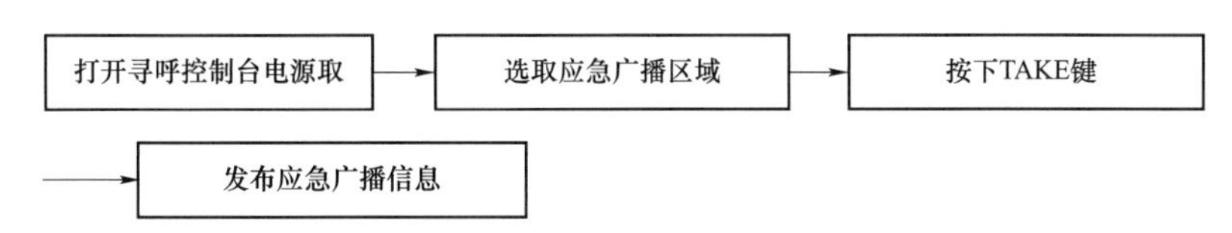

图 10-4　应急广播系统工作流程图

10.1.3.5　核应急综合管理平台和事故后果评价系统

应急指挥中心应配置必要的接收、显示设备，以获得有关设施工况的重要参数和厂址环境辐射状况的相关信息。

（1）核应急综合管理平台

核应急综合管理平台安装在核应急电脑终端，根据《国家应急平台体系建设技术要求》和铀浓缩工厂专业应急需要，核应急综合管理系统依托于事件信息数据库、地理信息数据库、预案库、文档库、设备库、专题库等数据库。以地理信息系统（GIS）为支撑，由应急管理系统、环境影响评价和事故评价系统、应急评价系统综合组成。

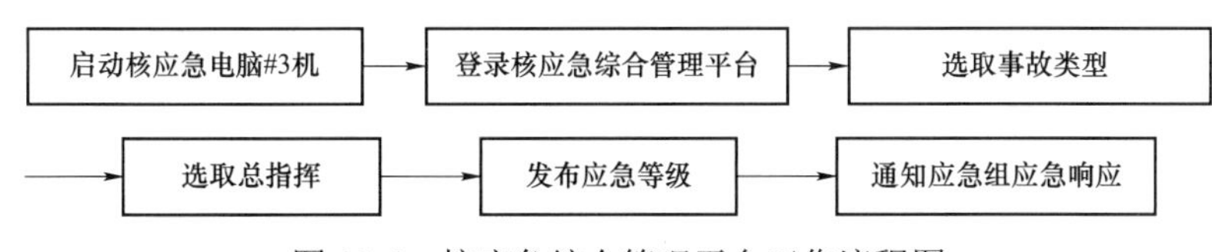

图 10-5　核应急综合管理平台工作流程图

（2）核事故后果评价系统

核安全导则《核燃料循环设施营运单位的应急准备和应急响应》HAD002/07 规定：营运单位应根据设施的事故特点（如临界事故、UF_6 泄漏事故、爆炸事故等）建立应急评价系统，具有评价事故状态、后果等的能力（包括放射性释放与非放有害化学物质释放）。

核事故后果评价系统安装在核应急电脑终端，内置释放点信息、厂址周边人口、食谱等基础资料。在事故情况下，可由监测评价人员根据流出物监测结果和当时的气象参数，辅助开展事故后果评价。

表 10-4　某浓缩厂核应急电脑终端一览表

序号	电脑终端编号	数量	单位	主要用途
1	1#级	1	台	用于进行厂区三维地图的展示，或“核应急综合管理平台”中应急预案、应急组织人员、物资方面的展示（该电脑目前故障处置中）
2	2#级	1	台	运行“大屏幕控制软件”，控制大屏幕上具体显示哪些电脑终端的信息
3	3#级	1	台	用于应急指挥中心值班人员使用“核应急综合管理平台”进行应急过程记录
4	4#级	1	台	用于指挥部成员机动调配使用，或登陆“核应急综合管理平台”进行应急物资、人员、预案等的备用展示
5	5#级	1	台	运行“事故后果评价软件”，在事故中后期进行后果预测与评价
6	6#级	6	台	用于运行“力控软件”（数采系统），显示生产系统关键核安全和场所监测参数

10.1.3.6 应急环境监测车

应急环境监测车应具备一定的机动和续航能力，能够一次性运送应急监测组人员到达预设应急集合点，车载各种监测设备和气体分析设备，同时能够提供应急电源。

10.1.3.7 气象站

应急指挥中心在生产区域配属全自动气象观测站，数据实施传输至应急指挥中心，测量内容包括空气温度、空气湿度、露点温度、风向、风速、气压、太阳总辐射、雨量、蒸发等项目。为核事故应急过程中提供包括风力、风向在内的气象参数，该参数汇集于核事故后果评价系统，为应急指挥和后果评价提供支持。

10.1.3.8 应急柴油发电机

配备固定式应急柴油发电机一台，在极端情况下或当两路市电全部失电时，应急柴油发电机在 10 s 内自启动，给一级负荷供电，在任意一路低压电源恢复供电时，应急柴油发电机自动退出工作，并延时停机。每周对该发电机进行一次巡检，每季度模拟自启动一次，进行 20 min 带载试验。应急过程提供至少 4 h 应急电源。

10.1.4 文件资料

应急指挥中心配备场内核事故应急预案以及各种事故应急实施、管理程序、配备场区平面布置图、厂址地理位置图、场区周围地形图和应急人员联络方式。各核设施中央控制室配备场内核事故应急预案以及相关的事故应急实施、管理程序、档案馆和铀浓缩生产线安全分析报告和环境影响报告。

表 10-5 应急资料清单

序号	应急资料名称	备注
1	场内核事故应急预案	
2	应急指挥实施程序	
3	应急监测与评价实施程序	
4	事故应急培训管理程序	
5	医疗救护应急实施程序	
6	临界事故应急实施程序	
7	核材料运输事故应急响应指南	
8	核事故保卫应急实施程序	
9	供取料厂房 UF_6 泄漏事故应急实施程序	
10	液化均质厂房 UF_6 泄漏事故应急实施程序	
11	生产运行岗位火灾事故应急实施程序	
12	后勤保障应急实施程序	
13	应急演习实施程序	

续表

序号	应急资料名称	备注
14	舆情应对与公众信息发布实施管理办法	
15	场区平面布置图、厂址地理位置图和场区周围地形图	
16	各应急组及上级单位联络方式	
17	核设施安全分析报告、环境影响评价报告	

10.1.5　可居留性和保障措施

核安全导则《核燃料循环设施营运单位的应急准备和应急响应》HAD002/07“第 6.11 条 可居留性要求”规定：（1）应采取适当措施和提供足够的信息保护应急设施内的工作人员，防止事故工况下形成的过量照射、放射性物质的释放或爆炸性物质或有毒气体之类险情的继发性危害，以保持其采取必要行动的能力。（2）营运单位应对应急设施的可居留性进行评价。可居留性的评价和审查不应局限于设计基准事故，应当适当考虑超设计基准事故（包括严重事故）的影响。（3）当考虑涉及放射性物质释放的事故情景时，应根据工作人员可能受照射剂量的大小确定是否满足可居留性准则。应急控制中心等重要应急设施应满足的可居留性准则如下：在事故持续期，工作人员接受的有效剂量不大于 50 mSv，甲状腺当量剂量不大于 500 mSv。

应急指挥中心在项目立项阶段已考虑了正常情况和事故状态下人员的可居留性。以某浓缩厂为例，根据铀浓缩生产线的最终安全分析报告和环境影响评价报告的分析：厂区范围内最大事故为液化均质厂房 UF_6 泄漏事故。液化均质厂房 UF_6 泄漏事故情况下，最大个人剂量出现在距离事故点 1 100 m 的成人组，个人有效剂量为 2.82 mSv（小于 5 mSv）；化学毒性方面，UO_2F_2、HF 最大浓度（1 100 m 处）均大于其对应的 PAC1 级限值，小于其对应的 PAC2 级限值，会对人体健康产生轻微短暂的影响，但不会对厂址周边公众健康产生不可逆的影响；可溶性铀浓度也小于急性吸入限值，影响可接受。

以某浓缩厂为例，应急指挥中心位于场区内，距液化均质厂房小于 500 m，事故情况下所受个人剂量和各类化学毒性均当小于 1 100 m 处的危害，所以人员的可居留性是有保障的。

10.2　辐射监测设施与设备

10.2.1　应急自动监测

各工艺厂房设置有连续监测自动报警仪器仪表，包括火灾探测与报警系统、部分厂房的临界报警系统和 HF 在线监测报警装置。消防控制中心（消防队）设有火灾显示盘，显示火灾报警信号，生产现场分布有感烟探测器声光报警器。自动监测仪表见表 10-6。

表 10-6 自动监测仪表一览表

<table>
<tr><th>序号</th><th colspan="2">自动监测仪表</th><th>安置位置</th></tr>
<tr><td rowspan="4">1</td><td rowspan="4">火灾探测与报警系统</td><td>火灾自动报警系统</td><td>级联大厅及边房厂房等建筑物布局紧密的厂房内</td></tr>
<tr><td>感烟探测器</td><td>级联大厅边廊及周围边房内易着火部位</td></tr>
<tr><td>缆式定温电缆探测器</td><td>主要电缆桥架和电缆沟内</td></tr>
<tr><td>感温探测器或感烟探测器</td><td>注油间、清洗间</td></tr>
<tr><td>2</td><td colspan="2">核临界监测报警系统
（包括探测器、报警器、电铃、警示灯等）</td><td>1. 离心级联大厅气辅助装置部分
2. 供取料厂房净化系统附近
3. 废水处理厂房
4. 容器清洗厂房</td></tr>
<tr><td>3</td><td colspan="2">放射性气溶胶连续监测仪</td><td>供取料厂房容器拆装处</td></tr>
<tr><td>4</td><td colspan="2">HF 气体监测报警装置</td><td>1. 供取料厂房和局部排风口
2. 液化均质厂房和局排</td></tr>
</table>

10.2.2 运行现场实时监测

主工艺生产岗位上的工艺设备、安全重要设备均设有工艺参数监测系统，通过这些监测系统可以判断生产线运行状态。

10.2.3 移动监测

应配备辐射监测仪表。例如，辐射防护用的辐射剂量仪表、表面污染仪、个人 γ 外照射剂量计、空气中铀气溶胶取样和测量仪等，这些设备放置在分析监测部门的监测室，事故情况下随时可用。

10.2.4 气象观测

建设了自动气象观测站，数据实施传输应急指挥中心，测量内容包括空气温度、空气湿度、露点温度、风向、风速、气压、太阳总辐射、雨量、蒸发等项目。

10.3 辐射防护设施与设备

10.3.1 工艺设计中防止泄漏的措施

对于预防 UF_6 向外环境大量泄漏，工程上设计：

（1）整个离心工艺系统处于负压状态，且在系统的密封性遭破坏时，可通过轻杂质事故报警信号和压力报警信号判断系统泄漏事件的发生；

（2）液化容器拆装处和称重处的管道连接尽可能采用刚性连接，阀门与管道、管道与管道的连接采用焊接结构，避免由于软连接或法兰损坏导致的 UF_6 泄漏，负压工作的容器连接管采用带金属保护网的金属连接软管，供料容器使用的金属连接软管定期进行压力试验。

（3）放射性工作厂房为密闭厂房，不设窗户或窗户做成不能开启式，是防止铀物料污染周围环境的外层密封屏障。厂房还设有局排系统，采用二级空气净化，保证漏料不会直接排入大气。

10.3.2　现场辐射防护应急物资

存在 UF_6 泄漏风险的作业场所，应配备现场应急工作人员的辐射防护装备与器材，例如，呼吸防护用的口罩、配有滤毒罐的防毒面具，防护衣、帽、手套、鞋等，统一放置在距离现场较近的事故应急柜中，专人保管、定期检查、确保可用。

事故救险器材示例：（1）防毒面具和滤毒罐、空气呼吸器、全密封防化服（重型）、特殊防护服、毛毯；（2）抢险组事故应急包：含特殊防护服、防护靴、头灯或手电筒、耐氟手套、毛巾等套；（3）特殊口罩及其他防护用品若干套；（4）液氮；（5）灭火器材。生产现场均配备有适合现场灭火的消防器材，操作放射性物质的岗位配备干粉灭火器、CO_2 灭火器；（6）调度和生产现场均备用照明手电；（7）其他专用维修工具。

10.3.3　应急标志

设立事故应急撤离路线和标志，设置事故人员集合地点，便于清点人数和对事故岗位撤出人员的表面污染监测、去污、救护等。

10.3.4　应急照明

生产线设置了应急照明 UPS 电源和备用蓄电池组，在外线电源中断的情况下，瞬时可启动恢复生产现场照明。

10.3.5　消防应急

设立消防队，配备足量的专业消防员和消防车，分班实行 24 小时昼夜执勤，各生产单位配备兼职义务消防员，厂内各场所均配备有专用灭火器和消防栓，灭火器定期检验。

10.4　中央控制室设施

中央控制室是根据离心级联大厅和供取料厂房的集中检测控制要求而设置的，是监视和指挥铀浓缩工艺生产过程的中心。

各期工程的中央控制室设有控制盘、信号显示柜、控制台，控制显示有关压力、轻杂质、流体流向、工艺设备状态。中央控制室设有火灾报警探测器，进出控制室电缆桥架内以及控制室防静电活动地板下设缆式线型定温火灾探测器。有关工艺设备状态的信息传到现场柜并按中央控制室的指令或按事故保护系统的条件进行机组阀门的控制。中央控制室还布置有电话调度台、广播装置。各中央控制室配备资料具体见表 10-7。

表 10-7　各中央控制室配备资料清单

序号	资料名称
1	主设备运行规程
2	工艺工况实施规程
3	供料系统运行规程
4	贫料系统运行规程
5	事故处理规程
6	精料系统运行规程
7	卸料系统运行规程
8	工艺手册
9	冷却水系统运行规程
10	吹洗系统运行规程
11	料流运行规程
12	供取料厂房 UF_6 泄漏事故应急实施程序
13	主工艺运行部运行系统火灾事故应急管理程序
14	供料净化质量控制程序
15	厂房防汛应急程序

10.5　急救和医疗设施与设备

核安全导则《核燃料循环设施营运单位的应急准备和应急响应》HAD002/07 规定：营运单位需配备现场人员去污、急救和医疗设施、设备与器材。包括：（1）工作人员的去污和防止或减少污染扩散的设施与设备；（2）受污染伤员的医疗现场处置和运送工具。

10.5.1　现场去污和急救

铀浓缩工厂的液化均质厂房、供取料厂房等存在 UF_6 泄漏风险的作业场所设计有事故淋浴间，用于事故情况下抢险人员的全身冲洗，现场配备有洗眼器等局部应急冲洗设备，应急物资柜内存有氧化镁甘油等治疗氢氟酸烧伤药品。

10.5.2　专业急救

与专业医院签署救护协议，在紧急情况下开展医疗救护。医疗救护组按照《医疗救护实施程序》备有现场综合急救用设备及器械、放射应急医学处理药品和现场去污冲洗物品，常年每天 24 h 有人值班，救护车从生产厂区至签约医院只需 8 min。

10.6　应急撤离路线和应急集合点

核安全导则《核燃料循环设施营运单位的应急准备和应急响应》HAD002/07 规定：营运单位应针对可能实施的人员撤离，在场内设置具有醒目而持久标识的应急撤离路线和集合点，集合点应能抵御恶劣的自然条件，应考虑有关辐射分区、防火、工业安全和安保等要求，并配备为安全使用这些路线所必需的应急照明、通风和其他辅助设施。

10.6.1　撤离和人员清点

10.6.1.1　行动准则和行动水平

凡厂房应急以上状态，事故现场工作人员应按撤离路线迅速撤离到指定地点集中，由事故抢险组组长负责组织及时清点当班工作人员是否已全部安全撤出。

10.6.1.2　撤离路线和人员集结地点

在场区内要人员集合点，并规划合理的撤离路线。

10.6.1.3　人员登记及清点

对撤出人员进行登记，由各岗位值班长负责清点，若发现本班人员不全，应及时报告，并作询问直至找到下落。如失踪者肯定在事故现场，则由应急指挥部组织抢救。必要时对撤出人员进行辐射监测，对事故污染者和伤员进行去污，对于伤员先由撤离出的有关人员进行现场救护，等待应急医疗组到达现场后，由应急医疗救护组人员接替进行现场救护，受伤者送签约医院观察、救护。

10.6.2　应急集合点

在场区内，要按场地宽敞、交通便利、不受污染的原则，设置场区应急集合点、厂房应急集合点和自然灾害应急集合点。

第11章

核应急响应和处置

核安全导则《核燃料循环设施营运单位的应急准备和应急响应》HAD002/07 规定：核燃料循环设施营运单位在各应急状态下应采取的主要响应行动如下。

1. *应急待命*

（1）必要的应急工作人员进入岗位，保证必要的应急响应措施能及时实施；

（2）运行人员应采取措施使核燃料循环设施恢复和保持安全状态，并做好进一步行动准备；

（3）启动必要的应急设施和设备；

（4）按规定向国务院核工业主管部门、核安全监督管理部门和省、自治区、直辖市人民政府指定的部门等有关机构报告。

2. *厂房应急*

（1）启动场内各应急组织，全部应急工作人员到达规定的岗位，按应急预案的要求实施相应的应急响应行动；

（2）开始场区内辐射监测，确定事故的严重程度；

（3）事故厂房内非应急工作人员撤离相关区域；

（4）按规定向国务院核工业主管部门、核安全监督管理部门和省、自治区、直辖市人民政府指定的部门等有关机构报告。

3. *场区应急*

（1）应急工作人员全部到位，各应急行动组全面实施应急响应行动；

（2）对放射性流出物和场内外的辐射水平进行全面监测与评价；

（3）适时实施场区内非应急工作人员的撤离工作；

（4）按规定向国务院核工业主管部门、核安全监督管理部门和省、自治区、直辖市人民政府指定的部门等有关机构报告；

（5）保持与地方核应急组织或地方有关应急机构的信息交换与协调，必要时请求地方核应急组织或地方有关应急机构以及应急技术支持单位的支援。

4. *场外应急*

（1）实施场区应急的所有响应行动；

（2）向场外应急组织提出进入场外应急和实施公众防护行动的建议。

11.1　铀浓缩工厂应急响应行动与应急措施

铀浓缩工厂应急待命、厂房应急、场区应急状态下的应急响应行动与应急措施见表 11-1、表 11-2、表 11-3。

表 11-1　应急待命状态一览表

事故状况	紧急事态	应急行动或措施
UF_6 泄漏	放射性厂房发生 UF_6 少量泄漏。	应急指挥部启动，向上级主管部门和国家核安全局报告，事故抢险组按抢险程序负责抑制事故，停止工作场所的送排风机；监测评价组对气象、事故现场及气载流出物进行辐射监测，尽早做出结果和初步评价；舆情应对组启动舆情监测程序。直至控制住泄漏，消除现场空气污染。及时报告事故处理结果和初步评价。
放射性气态超标排放	放射性厂房现场或流出物超过管理限值 5 倍。	应急指挥部启动，向上级主管部门和国家核安全局报告，事故抢险组按抢险程序负责抑制事故，停止工作场所的送排风机；监测评价组对气象、事故现场及气载流出物进行辐射监测，尽早做出结果和初步评价；舆情应对组启动舆情监测程序。直至找出并控制住泄漏，消除现场空气污染。及时报告事故处理结果和初步评价。
火灾	中中央控制室或供电间火灾。	应急指挥部启动并向上级主管部门和国家核安全局报告，工厂消防队在事故抢险组配合下实施灭火行动，负责事故厂房及临近厂房的安全警卫；厂房值班人员停止事故厂房的通风；监测评价组负责实施现场调查监测；向上级主管部门和国家核安全局报告，直至应急终止。
保安事件	可能发生或发生在实保控制区外的保安事件。	应急指挥部、舆情应对组启动，其他应急人员按指挥待命或启动。控制骚乱直到平息骚乱（必要时向当地政府求援），加强出入口管控。
自然灾害	有感地震或超警戒洪水。	应急指挥部启动并向上级主管部门报告，启动事故抢险组、舆情监测组和监测评价组。

表 11-2　厂房应急状态一览表

事故状况	紧急事态	应急行动或措施
UF_6 泄漏	放射性厂房发生 UF_6 泄漏。	应急指挥部启动，向上级主管部门和国家核安全局报告，事故抢险组按抢险程序负责抑制事故，停止工作场所的送排风机，组织事故厂房无关人员撤离；舆情应对组收集、分析舆情及信息；监测评价组对事故现场和附近区域及气载流出物进行辐射监测，尽早做出评价；消防保卫组对现场进行警戒，对场区进行交通管制；根据情况和指挥调度，医疗救护组和后勤保障组赴现场进行救护或物资支援；直至控制住泄漏，消除现场空气污染。24 h 内报告监测结果和初步评价。
放射性气态超标排放	放射性厂房现场或流出物超过管理限值 10 倍。	应急指挥部启动，向上级主管部门和国家核安全局报告，事故抢险组按抢险程序负责抑制事故，停止工作场所的送排风机，组织事故厂房无关人员撤离；舆情应对组收集、分析舆情及信息；监测评价组对事故现场和附近区域及气载流出物进行辐射监测，尽早做出评价；消防保卫组对现场进行警戒，对场区进行交通管制；根据情况和指挥调度，医疗救护组和后勤保障组赴现场进行救护或物资支援；直至控制住泄漏，消除现场空气污染。24 h 内报告监测结果和初步评价。
火灾	已致系统安全性下降的放射性厂房火灾。	应急指挥部启动并向上级主管部门和国家核安全局报告，工厂消防队在抢险组配合下实施灭火行动，负责事故厂房及临近厂房的安全警卫；厂房值班人员停止事故厂房的通风；监测评价组负责实施现场调查监测；向上级主管部门和国家核安全局报告，直至应急终止。
保安事件	发生在实保控制区的保安事件。	应急指挥部、舆情应对组启动，加强哨位、严格对出入口的管控做好突发事件处置的准备，其他应急人员按指挥待命或启动。
自然灾害	地震引发厂房内泄漏。	确认核事故危险后启动核事故应急预案，应急指挥部启动并向上级主管部门和国家核安全局报告，技术支持组、舆情应对组、监测评价组、事故抢险组、医疗救护组、消防保卫组、后勤保障组按应急程序进行应急行动。
停电	发生全厂失电事故。	应急指挥部启动并向上级主管部门报告，事故抢险组启动。

表 11-3　场区应急状态一览表

事故状况	紧急事态	应急行动或措施
临界事故	厂房发生核临界事故。	应急指挥部启动，向上级主管部门和国家核安全局报告，事故抢险组组织人员迅速撤离，停止工作场所的送排风机；应急指挥部通知事故场区无关人员撤离；舆情应对组和监测评价组继续开展监测；根据情况和指挥调度，医疗救护组和后勤保障组赴现场进行救护或物资支援。应急响应行动直至确认临界终止，消除现场空气污染，连续报告监测结果和初步评价结果。
UF_6 泄漏	液化均质厂房发生 UF_6 大漏。	应急指挥部启动，向上级主管部门和国家核安全局报告，事故抢险组按抢险程序负责抑制事故，停止工作场所的送排风机；通知事故场区无关人员撤离；舆情应对组和监测评价组继续开展监测；根据情况和指挥调度，医疗救护组和后勤保障组赴现场进行救护或物资支援。应急响应行动直至控制住泄漏，消除现场空气污染，连续报告监测结果和初步评价结果。
放射性气态超标排放	放射性厂房现场或外环境污染物浓度超过管理限值 100 倍。	应急指挥部启动，向上级主管部门和国家核安全局报告，事故抢险组按抢险程序负责抑制事故，停止工作场所的送排风机；通知事故场区无关人员撤离；舆情应对组和监测评价组继续开展监测；根据情况和指挥调度，应急响应行动直至控制住泄漏，消除现场空气污染，连续报告监测结果和初步评价结果。
火灾	放射性厂房火灾。	应急指挥部启动并向上级主管部门和国家核安全局报告，公司消防队在抢险组配合下实施灭火行动，负责事故厂房及临近厂房的安全警卫；厂房值班人员停止事故厂房的通风；监测评价组负责实施现场调查监测；向上级主管部门和国家核安全局报告，直至应急终止。
保安事件	发生在实保控制区内，核设施遭遇威胁。	应急指挥部、舆情应对组启动，加强哨位、严格对出入口的管控做好突发事件处置的准备，其他应急人员按指挥待命或启动。
自然灾害	超设计基准地震或地震引发场内泄漏。	确认核事故危险后启动核事故应急预案，应急指挥部启动并向上级主管部门和国家核安全局报告，技术支持组、舆情应对组、监测评价组、事故抢险组、医疗救护组、消防保卫组、后勤保障组按应急程序进行应急行动。

11.2　铀浓缩工厂应急响应流程

铀浓缩工厂应急待命、厂房应急、场区应急状态下的应急响应流程见图 11-1～图 11-6。

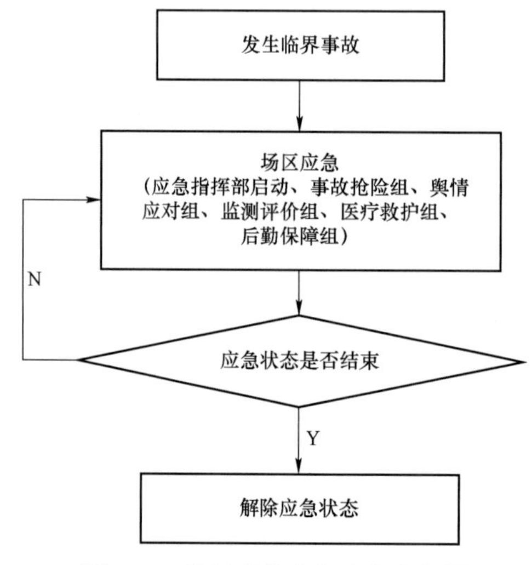

图 11-1　临界事故应急响应流程图

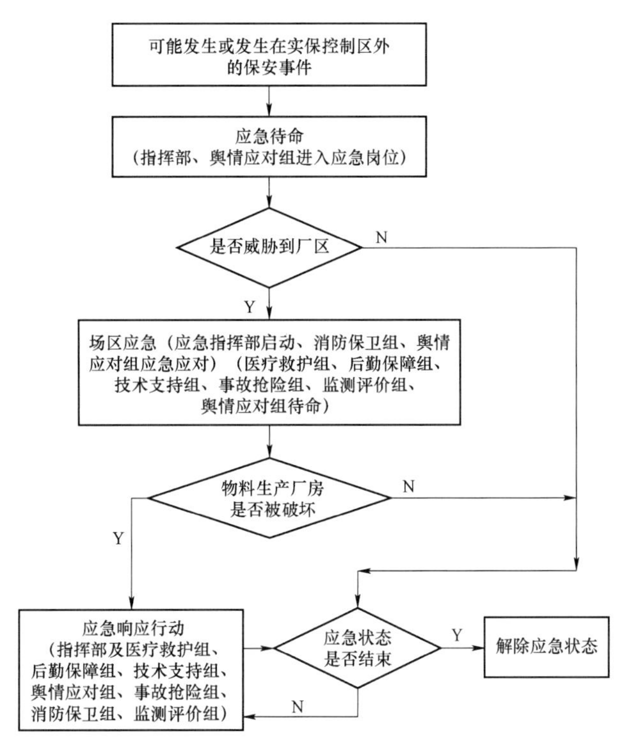

图 11-2　保安事件应急响应流程图

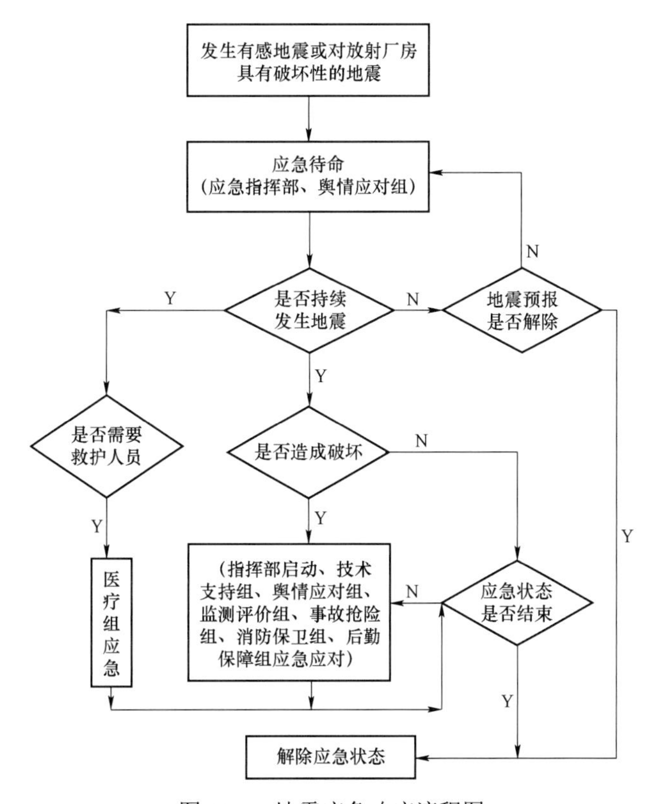

图 11-3　地震应急响应流程图

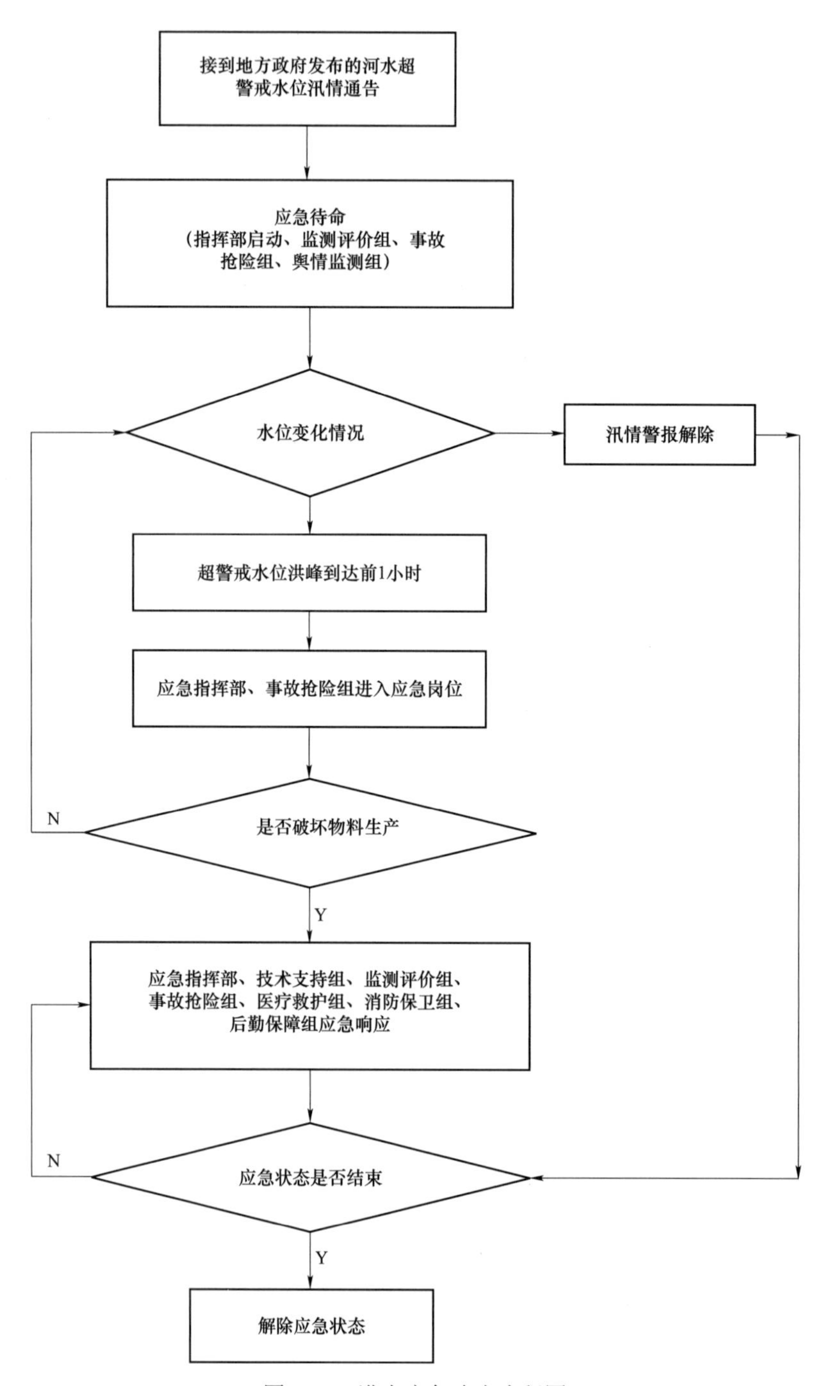

图 11-4 洪水应急响应流程图

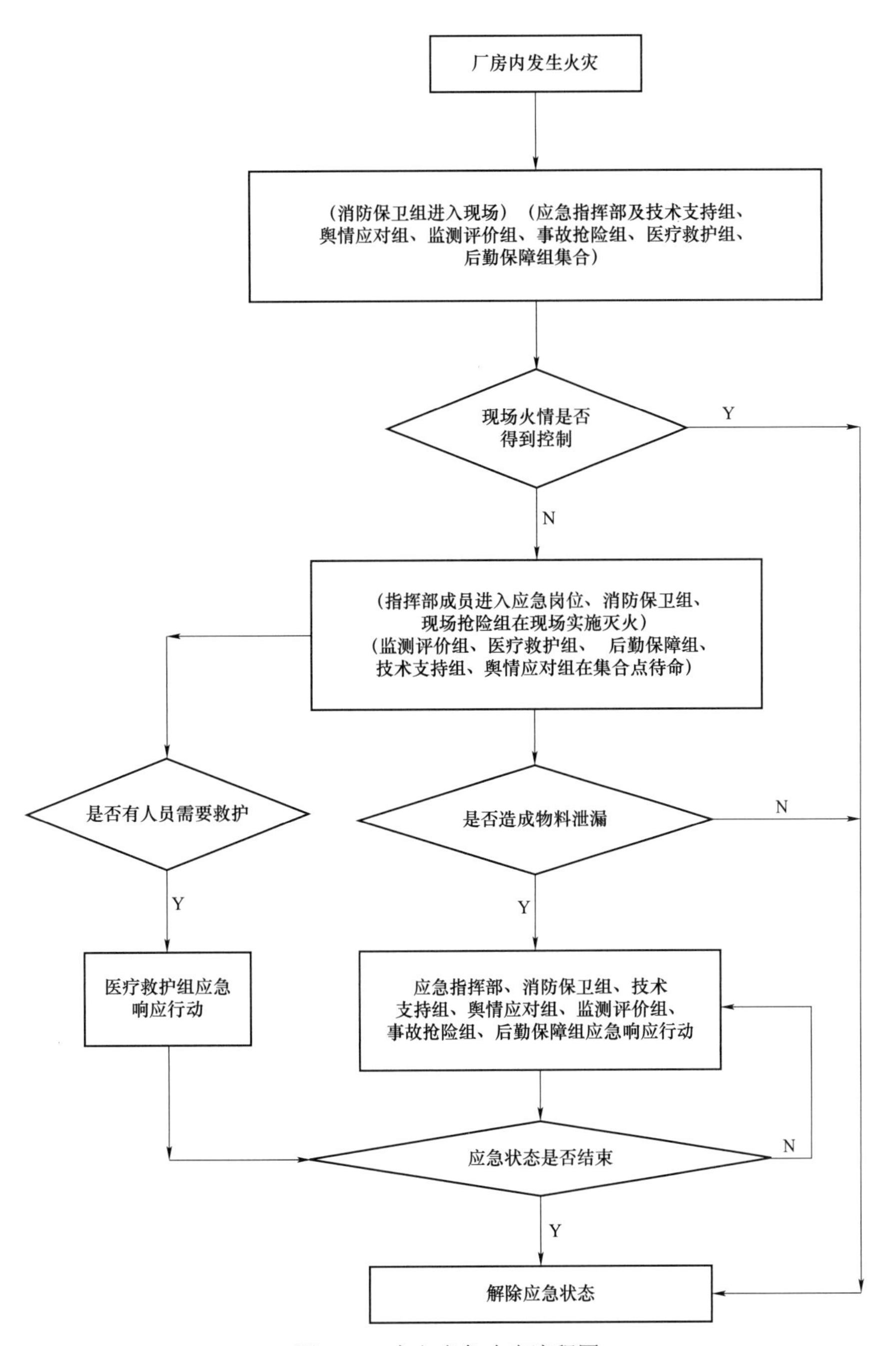

图 11-5　火灾应急响应流程图

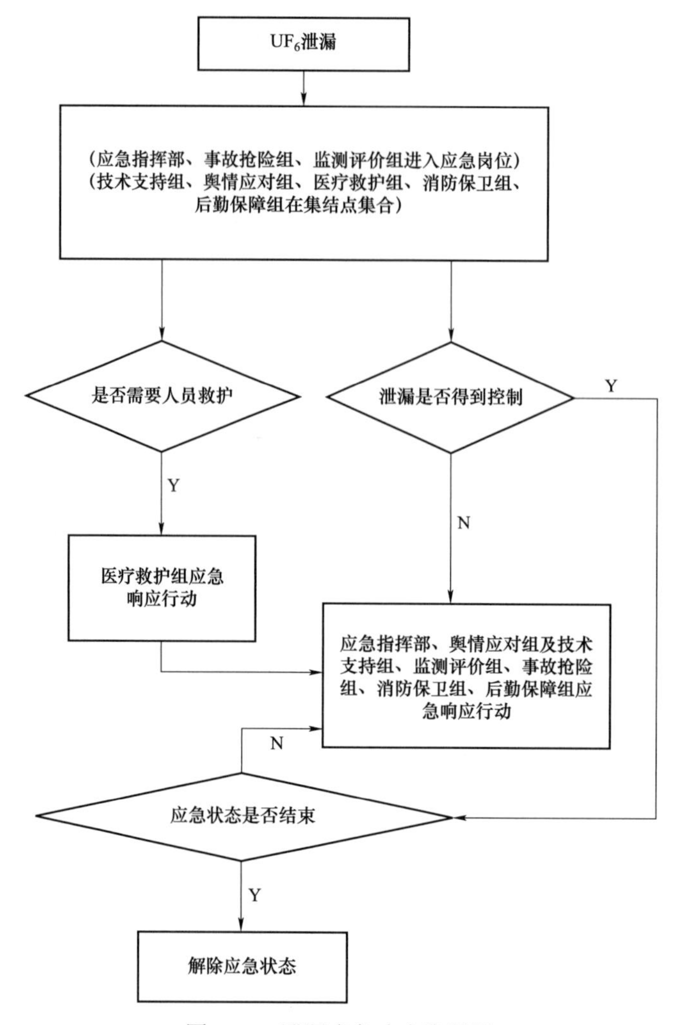

图 11-6 泄漏应急响应流程图

11.3 应急组织的启动与应急通知和报告

核安全导则《核燃料循环设施营运单位的应急准备和应急响应》HAD002/07 规定：应急指挥部应负责将实施应急的决定立即通知有关组织和人员。通知时应做到：

1. 严格按规定的程序和术语进行；

2. 通知的初始信息应简短和明确，提供的信息有：设施名称、报告人姓名和职务、事故起因、进入应急状态的时间、应急状态的等级、已采取或将要采取的应急措施等；

3. 确保信息可靠。

11.3.1 事故现场汇报

事故单位或事故现场值班长（或工作人员）在第一时间向事故应急指挥部报告（如遇火警首先打 119 火警电话），随后向本单位领导报告。报告内容有：事故地点、报告人姓名和职务、事故发生原因（初步分析）、范围、开始时间、处理措施、人员受伤情况、急需的应急物品、材料和工具等。

11.3.2　值班员汇报

应急指挥部值班人员接到上述事故报告，立即向应急总指挥报告，由应急总指挥批准进入应急状态。应急指挥部所有成员得到通知后应以最迅速的行动到达应急指挥中心，应急指挥部值班人员按照核事故应急计划及程序通知其他各应急组织。

11.3.3　应急人员和专业组响应

应急人员联络方式根据情况随时更新，在工作日为电话和手机，非工作日为手机。其他专业应急响应组迅速在各组组长的指挥下，按应急行动程序实施应急行动。各组启动（或待命）状态及启动（或待命）点见表 11-4。

表 11-4　各应急组织启动（或待命）状态及启动（或待命）点

序号	应急组或 应急成员	应急待命		厂房应急/场区应急	
		待命/启动	就位点	待命/启动	就位点
1	应急值班人员	启动	应急指挥中心	启动	应急指挥中心
2	应急指挥部	启动	应急指挥中心	启动	应急指挥中心
3	现场总指挥	启动	事故现场	启动	事故现场
4	技术支持组	启动	应急指挥中心	启动	应急指挥中心
5	事故抢险组	启动	事故现场	启动	事故现场
		待命	事故抢险组集合点	待命或 接命令启动	事故抢险组集合点或 事故现场
6	监测评价组	启动	各应急监测岗位	启动	各应急监测岗位
7	消防保卫组	待命	消防保卫组集合点	启动	各警备点
8	后勤保障组	待命	物质储备库	启动	事故厂房周围
9	医疗救护组	待命	签约医院	启动	事故厂房周围
10	舆情应对组	启动	部门办公室	启动	部门办公室

11.3.4　应急指挥中心汇报

1. 必要时，由应急总指挥确定向工厂内有关区域职工通告事故状况和提出需他们遵守的要求。

2. 应急总指挥通过电话和传真两种方式向集团公司核事故应急办、国务院核安全监督管理部门报告事故情况，请示或请求支援，必要时用直拨电话与公司外支援机构（如支持医院、地方消防机构）联系。

11.4 应急监测

核安全导则《核燃料循环设施营运单位的应急准备和应急响应》HAD002/07 规定：需要采取的应急监测活动主要有：

1. 与应急相关的工艺参数的监测；

2. 流出物监测、场区与工作场所辐射水平监测；

3. 环境辐射监测及必要时空气中 HF 浓度的监测。

应制定具有可操作性的应急环境监测方案和具体的实施程序或操作步骤。需要特别说明的是，即使没有场外应急，仍应做好场外辐射环境监测工作。

铀浓缩厂应急监测由一般由监测评价组负责，由分析监测部门、安全管理部门相关分析和评价人员进行。配备有应急监测的仪器设备，可满足环境监测取样要求。具体负责应急状态时事故现场内外环境及人员辐射剂量监测，并对监测结果尽早做出评价（初、中、后期事故剂量评价）。

应急环境监测主要从以下几个方面进行：

1. 进行流出物监测，通过监测局排出口废气和排放废水中铀、氟估算放射性及有害物排放量；

2. 环境空气中铀、氟浓度的测量，以估算放射性及有害物的环境影响；

3. γ剂量率的测量，估算场区工作人员可能受到的辐射照射剂量；

4. 事故现场表面污染的监测、应急人员体表沾污监测。

11.5 评价活动

核安全导则《核燃料循环设施营运单位的应急准备和应急响应》HAD002/07 规定：在应急状态期间，营运单位应开展评价活动，为防护行动决策提供技术支持。评价活动应包括下列内容：

1. 收集掌握事故的演变过程、源项、设施所在地和附近地区的气象参数等评价所需的资料；

2. 对所收集的资料进行归纳和分析，从而预报事故工况下的辐射剂量及化学危害；

3. 根据评价结论提出确认或修改应急状态的级别和采取相应措施的建议。

11.5.1 评价方式

铀浓缩厂评价活动主要通过工艺参数监测系统，并结合辐射监测结果进行放射性物质释放量的判断。通过人员受照剂量的评价、放射性物质的释放量、对核设施的影响程度和对环境的影响范围来确定事故的严重程度，并采取相应的补救措施。

11.5.2 主要评价工作

1. 需要获取的评价基础资料：现场工艺参数监测系统监测数据、现场及流出物中铀气溶胶浓度、氟浓度、现场人员尿铀浓度、辐射场剂量分布、气象数据、事故当天的风向、风速、温度、湿度、气压、雨量等六个要素。

2. 事故抢险过程根据最终安全分析报告、应急预案中假设的事故情景，控制抢险人员的抢险时间，根据实际抢险时间估算其所受剂量，为应急指挥提供参考。

3. 应急终止后，各应急专业组在一周内向应急办公室上报各项记录及应急总结，应急办公室根据各类监测数据及事故具体情况对各应急组织的人员、现场指挥人员及公众进行个人有效剂量估算，最后对事故处理的全过程、环境的影响和公众的影响做全面的评价总结。

4. 最终评价结论由各专业组做出并报应急办公室汇总。

11.5.3　评价人员资质

承担评价行动的人员应具备本专业大专以上学历，至少有 5 年专业工作经验。

11.6　补救行动

核安全导则《核燃料循环设施营运单位的应急准备和应急响应》HAD002/07 规定：补救行动的目的是控制和缓解事故，使设施尽快和尽可能恢复到受控的安全状态，并减轻对工作人员和公众的辐射后果。可能采取的补救行动有工艺系统或整个设施的紧急停闭、灭火、抢修，以及其他纠正与缓解事故、减轻事故后果的行动。营运单位应针对各类可能发生的补救行动制定相应的操作规程或执行程序，以保障补救行动的有效开展。

铀浓缩厂结合事故类型，可能采取的补救行动包括火灾事故时的紧急灭火和抢险、UF_6 泄漏事故时的工艺截断或抢修、事故时放射性物质的包容和屏蔽，用以纠正或缓解事故，减轻事故后果。

11.6.1　灭火抢险

发生火灾事故时，为防止“死灰复燃”和火灾事故诱发其他事故及灭火行动产生的废水、废物可能影响现场安全，在火灾事故应急灭火行动结束后，在应急指挥部的指挥下，立即进行全面彻底的事故现场检查与清理，直到确认现场恢复到安全状态。

本着“先控制，后消灭”和“救人第一”的灭火战术原则，制定和实施灭火作战方案。放射性工作场所的灭火和抢险行动执行运行车间制定的岗位火灾事故应急程序并拨打火警电话。当发现现场人员或抢险人员存在放射性沾污的情况时，需采取监测、去污和专业医疗救护措施；对产生有害物的火灾现场，应处理好现场的设备、管网和容器，并开展去污处理，防止事态扩大。

11.6.2　工艺截断和抢险

一旦发生 UF_6 泄漏事故，首先要判断泄漏点，进行工艺截断，尽可能减少事故扩大的影响。其次，使用液氮对泄漏点冷冻、封堵，根据实际情况采取更换阀门或管线等技术措施。最后，对周围设备、地面进行去污处理，抢险人员去污。应急抢险过程中，要始终保持与应急指挥部的联系和汇报。UF_6泄漏的事故处理程序执行运行车间UF_6泄漏事故应急实施程序。

11.6.3 放射性物质的包容和屏蔽

为防止 UF_6 进入环境危害公众健康，应尽可能将泄漏出来的物料封闭在加热箱、容器、小室或厂房内。因此当漏点得到控制后应及时封闭泄漏点所在小室、工作间，让水解物在其内自然沉降。同时尽量对泄漏点所在小室、工作间门外附近取样监测和排气口进行连续监测，及时掌握其可能对环境造成的影响。

11.6.4 临界事故补救措施

一旦发生临界事故，直接进入场区应急状态，关闭厂房排风系统，所在区域场内所有人员撤离至应急集合点。根据监测与评价组对周边环境辐射水平的监测结果划定警戒区，并在确定不会再次发生临界的情况下，方可组织进行后续恢复行动。具体执行运行车间临界事故应急实施程序。

11.7 应急防护措施

核安全导则《核燃料循环设施营运单位的应急准备和应急响应》HAD002/07 规定：营运单位制定的应急防护措施应符合下列基本要求：

1. 对不同的应急状态应规定相应的防护措施，而且采取的防护措施是正当的；
2. 在恶劣环境条件下，保证防护措施的可用性。

具体的应急防护措施一般应包括：

1. 根据场内辐射监测结果，确定污染区并加以标志或警戒；
2. 对场内的人员和离开场区的车辆和物资进行监测，必要时加以洗消；
3. 对场区的出入和通道加以控制，限制人员进入严重污染区；
4. 提供具有良好屏蔽、密封和通风过滤条件的场所作为隐蔽所，或告诫人们关闭门窗切勿外出；
5. 受伤、受污染、受照射人员的现场医学救治和向地方或专科医院的转送；
6. 非应急工作人员的部分或全部撤离；
7. 其他防护措施，如找寻失踪人员、使用个人防护用品等。

应急状态下采取必要的应急防护措施是为了保护事故受害者或事故抢险者，如将事故受害者尽早救出事故现场，并及时予以去污、救护对事故抢险者实施防护行动（如佩戴防毒面具，限制进入事故岗位抢险时间等）可控制或有效减少抢险者的辐射照射。

11.7.1 撤离和人员清点

1. 行动准则和行动水平：凡厂房应急以上状态，事故现场工作人员应按撤离路线迅速撤离到指定地点集中，由事故抢险组组长负责组织及时清点当班工作人员是否已全部安全撤出。

2. 按预先制定的撤离路线，在人员集结地点集结。

3. 对撤出人员进行登记，由各岗位值班长负责清点，若发现本班人员不全，应及时报告，并作询问直至找到下落。如失踪者肯定在事故现场，则由应急指挥部组织抢救。必要时对撤出人员进行辐射监测，对事故污染者和伤员进行去污，对于伤员先由撤离出的有关人员进行现场救护，等待应急医疗救护组到达现场后，由应急医疗救护组人员接替进行现场救护，受伤者送签约医院观察、救护。

11.7.2　防护设备的使用

1. 防毒面具、空气呼吸器

主要用于 UF_6 泄漏、厂房火灾事故现场抢险。防毒面具、空气呼吸器存放在供取料厂房和液化均质厂房的生产岗位。

2. 特种防护口罩

用于事故现场防护，防止吸入放射性气溶胶。特种防护口罩应发放到每个职工并在事故应急柜里有足够量的储备。

11.8　应急照射控制

核安全导则《核燃料循环设施营运单位的应急准备和应急响应》HAD002/07 规定：为保证应急工作人员的健康与安全，控制应急工作人员受到的照射应满足下列原则与要求。

1. 除下列情况外，从事干预的工作人员所受到的照射不得超过 GB 18871 中所规定的职业照射的最大单一年份剂量限值：

（1）为抢救生命或避免严重损伤的行动；

（2）为防止可能对人类和环境产生重大影响的灾难情况发展的行动；

（3）为避免大的集体剂量的行动。

从事上述行动时，除了抢救生命的行动外，必须尽一切合理的努力，将工作人员所受到的剂量保持在最大单一年份剂量限值的两倍以下；对于抢救生命的行动，应做出各种努力，将工作人员的受照剂量保持在最大单一年份剂量限值的 10 倍以下，以防止确定性健康效应的发生。此外，当采取行动的工作人员的受照剂量可能达到或超过最大单一年份剂量限值的 10 倍时，只有在行动给他人带来的利益明显大于工作人员本人所承受的危险时才应采取该行动。

2. 应急工作人员可能接受超过职业照射最大年剂量时，应严格履行审批程序，事先预计可能受到的剂量大小，采取一切合理的步骤为行动提供适当的防护。

3. 当执行应急响应行动的工作人员可能接受超过最大单一年份剂量限值时，采取这些行动的工作人员应是自愿的；应事先将采取行动所面临的健康危险情况清楚而全面地通知工作人员，应在实际可行的范围内，就需要采取的行动对他们进行培训。

4. 一旦应急干预阶段结束，从事恢复工作（如核燃料循环设施与建筑物维修、废物处理或场区及周围地区去污等）的工作人员所受的照射，应满足 GB 18871 中有关职业照射控制的全部具体要求。

5. 对参与应急干预的工作人员的受照剂量进行评价和记录。干预结束时，应向有关工作人员通知他们所接受的剂量和可能带来的健康危险。

6. 不得因工作人员在应急照射情况下接受了剂量而拒绝他们今后再从事伴有职业照射的工作。但是，如果经历过应急照射的工作人员所受到的剂量超过了最大单一年份剂量限值的 10 倍，或者工作人员自己提出要求，则在他们进一步接受任何照射之前，应认真听取执业医师的医学劝告。

11.8.1 事故抢险组人员

事故应急抢险组可能受到应急照射，但根据核燃料浓缩生产特点，除临界事故的瞬发 γ 和中子照射（这种照射是无法事先知道和躲避的）外，其他事故应急照射均能控制在个人年剂量限值以内。事先计划（如进入现场营救伤员和补救行动）的照射（人数、时间）由营运单位应急指挥部负责人批准，并应保证对这种应急照射的监测是充分的（发个人剂量计和尿铀分析），其应急照射不大于 15 mSv（个人）。UF_6 的大量泄漏是铀浓缩系统中危害最严重的事故，UF_6 的释放对人体产生的危害主要是因吸入导致的化学危害和辐射危害。因此，主要控制措施是尽量防止应急人员吸入铀气溶胶，控制措施主要有：

（1）应急抢险人员和应急岗位均配有防毒面具及滤毒罐、特殊防护服、耐氟手套、防护靴、空气呼吸器等防护用品。在事故情况下，应急抢险人员均穿戴好防护用品，有效防止铀气溶胶的吸入；

（2）有效控制抢险时间，避免受到过量的照射。

11.8.2 其他

事故状态下，对事故区（点）实施人员流动控制，除应急组织人员外，一律不准进入事故区（点），直至应急状态终止，具体由消防保卫组现场负责。

因核燃料浓缩生产事故不会污染厂内自来水供给系统，所以不必对供水实行管制。厂区内也不存放食品，也没有对食品实行安全管制的问题。

11.9 医学救护

核安全导则《核燃料循环设施营运单位的应急准备和应急响应》HAD002/07 规定：

1. 现场医学救护的首要任务是抢救生命和外伤救治，辐射损伤救治则是核与辐射应急响应中特有的医学救治问题。辐射损伤的现场医学救治的主要内容包括：受污染、受照射状况的评估与受照剂量的估算、体表或伤口去污、受伤受污染人员分类、处理及病人转送等。

2. 营运单位应具有急救和医疗支持的响应能力，配备相应的人员和设备，提供对人员的急救医疗支持，包括去污、受污染伤员的处理和（或）转送至场外医疗机构。

3. 营运单位应建立现场医学救护和场外医学支持程序，并在应急预案中以附件形式给出与场外医学救护支持单位的协议或合同相关内容及联系方式。

铀浓缩厂医学救护主要采取以下行动：

1. 将伤员迅速撤离至安全地带，优先及时抢救有危及生命体征的伤员。

2. 对受到污染的人员去污，并做好污染物的收集处理。在应急监测与评价实施程序中应对需去污的人员做出规定，并对辐射监测结果进行记录、评价。

3. 收集辐射照射剂量资料，估算实际照射剂量。

4. 对需要往上级医院转送的伤员，及时做好所需资料及分析结果准备，及时转送。

5. 对吸入放射性核素的病员及时进行促排处理。接到工厂应急指挥部服用稳定性碘片指示，医疗救护组给指定人群发放。

第12章

应急终止和恢复行动

12.1 应急状态的终止

当营运单位确认事故已受到控制并且核燃料循环设施的放射性物质释放的量已低于可接受的水平时，可以考虑终止场内的应急状态。

12.1.1 误报

应急发布后，一旦证实是误报引起，营运单位事故应急指挥部总指挥决定发布应急终止。

12.1.2 场区应急和厂房应急状态终止

12.1.2.1 应急状态终止的标志

对构成场区应急和厂房应急状态的事故，其应急终止的标志是：

（1）事故现场抢险结束，通过必要的抢救行动，消除了发生其他一切事故的可能，除可能存在的暂不构成安全威胁的污染外，事故现场已处于安全状态。

（2）事故当班人员清点齐全，登记在册。

（3）事故岗位和附近岗位人员的表面污染和照射剂量完成了取样。

（4）事故岗位人员可能的体表污染得到了去污，伤员得到了应有的救护。

（5）事故区域辐射水平清楚，并达到可接受的限值（小于 1 DAC 或 5 μSv/h）以下，初步评价证明对区域人员和环境不再构成威胁，经监测评价组和应急技术支持组研究，将结果上报应急指挥部。

12.1.2.2 发布权限

事故应急状态终止由事故应急指挥部总指挥（或其替代人）发布。

厂房应急状态终止并不表示事故处置的完成，可能需要进入恢复行动，特别是事故区域附近的辐射监测可能要坚持进行一些时间，现场的保卫工作也需要坚持到事故调查完毕。

12.1.3 应急待命状态终止

构成应急待命的条件已经消失时，如生产区域火情消失、自然灾害或工厂外骚扰威胁已结束、泄漏事故或临界事故已经处理完毕，系统已处于安全状态，由工厂事故应急指挥部总指挥批准应急待命终止。

12.2　恢复行动

营运单位应急状态终止后的恢复行动方案，应包括：

（1）制定解除营运单位所负责区域控制的有关规定；

（2）制定污染物的处置和去污方案；

（3）继续测量地表辐射水平和土壤、植物、水等环境样品中放射性含量，并估算对公众造成的照射剂量。

铀浓缩厂恢复行动的主要工作是：

（1）宣布应急状态终止后，应急指挥部人员通知场内各应急组织：核设施应急状态终止，恢复阶段开始；各应急组汇总应急过程中产生的全部数据、记录单；有关人员和应急组织按照要求，写出简明的事故报告。

（2）生产运行、安全环保等部门编制恢复行动方案（含安全措施），经主管领导审批后，组织实施恢复行动，使核设施尽快恢复到正常运行状态或安全状态；继续对场区内外进行辐射监测。

（3）确定污染面积，制定和实施去污计划。

（4）调查事故过程，分析事件原因，估算事故现场运行、抢险人员和场外居民所受的剂量。

（5）检查应急设施和物资，并及时补充完善。

（6）按照核安全法规的要求，编写事故调查报告，并上报相关部门。

第13章

应急响应能力的保持

13.1 培　训

培训的目的是使应急工作人员熟悉和掌握应急预案的基本内容，使应急工作人员具有完成特定应急任务的基本知识和技能。营运单位应制定各类应急工作人员的培训和定期再培训计划或大纲，明确应该接受培训的人员、培训的主要内容、培训和定期再培训的频度和学时要求、培训方法（授课、实际操作、考试等），以及培训效果的评价等。

13.1.1　职工上岗操作应急培训

铀浓缩厂的职工培训由培训和人力资源部门负责，按照事故应急培训管理程序，对应急相关人员组织培训，经考核合格后颁发上岗操作证。

上岗职工应接受以下内容的培训（纳入职工年度安全环保培训）：核燃料浓缩生产核事故应急报告程序、应急撤离路线、人员集合地点等；核燃料浓缩生产核事故的特征和防护知识；防止事故的继续扩大、延续及正确的救险措施和行动；受伤人员的自救和互救知识，救护器材的正确使用和其他注意事项等。

13.1.2　专业应急组的培训

各专业组应急人员应接受工厂或车间组织的专业应急组培训（合计不少于 4 h/年），主要应包括以下内容：场内核事故应急预案规定的应急分级；本组织与本人在应急中的职责；应急处置程序；抢险组应包括穿戴防护服的操作培训和应急响应中的其他注意事项等。

13.2 演　习

演习的目的是检验应急预案的有效性、应急准备的完善性、应急设施与设备的可用性、应急响应能力的适应性和应急工作人员的协同性，同时为修改应急预案提供依据。

13.2.1　单项演习

为了提高应急组织的效能，保证应急组织全体人员熟悉各自的任务和熟练操作应急设施和设备，做好常备不懈，应针对场内核事故应急预案确定的事故类型进行单项演习，单项演习包括：UF_6 泄漏事故抢险应急、保卫应急（含交通管制）、消防演练、医疗救护、临界事故应急抢险、通讯演练、辐射监测等。单项演习不少于 1 年 1 次。各单项演习频度及内容见表 13-1。

通讯演练通过验证联络方式、及在其他单项、综合演练过程当中进行演练和检验。每月月底及春节、“五一”“十一”等节假日前，向国务院核安全监督管理部门传真报送月度及假期核应急值班网络图及表格。

消防演练由消防部门根据消防法规和消防管理要求组织各单位进行培训和灭火演练。

应急监测，每年进行核事故应急演练中的应急监测。

UF_6 泄漏事故抢险，每年组织开展泄漏事故抢险演练。

表 13-1　单项演习的频度及要求

类型	频度	需要考虑的要素	责任单位
UF_6 泄漏事故抢险应急	1 次/年	人员防护	与 UF_6 生产相关的运行部门、专料储存运输部门
		事故处理	
		人员急救	
		撤离	
辐射监测	1 次/半年	人员防护	分析监测部门
		环境取样与评价	
		去污	
		通信	
		辐射监测与剂量测定	
交通控制	1 次/年	警戒控制命令的发布	厂内保卫部门
		控制点的确定	
		实施控制人员的到位	
		通信	
消防/消防支援	1 次/半年	消防设施的启动	消防部门部
		针对不同设施及不同性质的火灾运用相应的消防手段	
		通信	
		人员防护	
		场内、场外协调	
医疗救护	1 次/年	人员急救	签约医院
		通信	
		运送	
		医疗能力	
		污染控制	

续表

类型	频度	需要考虑的要素	责任单位
通知/通信	1次/季度	及时性	分析监测部门
		准确性	
		指挥部成员及各应急组组长	
		有关政府部门及上级主管部门	
		非工作时间	
临界事故	1次/年	人员保护	有临界风险的生产部门
		撤离	
		清点	
		抢险	

13.2.2 综合演习

为检验应急组织的效能和核事故应急计划及应急程序、应急设备的适宜程度，没有特殊情况下，铀浓缩生产线每两年进行一次综合演习。演习结束后应认真地进行总结和评价，以不断完善应急计划和准备。

13.3 应急设施、设备的维护

营运单位应保证所有应急设施、设备和物资始终处于良好的备用状态，对应急设备和物资的保养、检验和清点等加以安排。应规定应急设施、设备的定期清点、维护、测试和校准制度，以保障这些设施、设备随时可以使用。

为了保证所有应急设备和物资始终处于良好的备用状态，铀浓缩厂由应急办公室负责每半年对备用应急设备、物资进行一次检查和清点（可与其他检查合并进行），应急物资的保养由使用单位负责，应急设备的检验由工厂设备管理部门按照设备管理程序进行，发现问题及时修复。

13.3.1 液化均质厂房毒气报警装置及事故联动自锁系统

该装置为液化均质厂房主要事故应急装置，所用测量仪表按照计量器具管理，该装置整体进行定期低限值启动试验，确保其完整、可靠。

13.3.2 各厂房局排系统

局排系统的风机按照设备管理程序进行维护、保养和检修。

13.3.3 各厂房事故应急物品

事故应急物品包括厂房内的灭火器、空气呼吸器、防毒面具等。使用单位负责日常检查和维护，工厂消防部门负责对灭火器进行检定和空气呼吸器的充压，设备管理部门负责联系空气呼吸器的外检。使用单位负责检查保证防毒面具的滤毒罐在有效期内。

上述各类设施在每次工作前进行状态检查。

13.4　应急预案的评议与修改

13.4.1　评议与修订的原则

营运单位应对应急预案及其执行程序定期、不定期进行复审与修订，以吸取培训及训练与演习的成果、核燃料循环设施实际发生的事件或事故的经验，适应现场与环境条件的变化、核安全法规要求的变更、设施和设备的变动以及技术的进步等。修订后的应急预案及修订说明应及时报送国家核安全局。

13.4.2　评议与修订的周期

营运单位应至少每 5 年对应急预案进行一次全面修订，并在周期届满前至少 6 个月报国家核安全局，经审查认可后方可生效。

13.4.3　其他需评议和修订的情况

应急预案涉及的应急组织机构、应急设施设备、应急行动水平等要素如果发生重大变更，并可能会对营运单位应急准备和响应工作产生重要影响时，或国家核安全局认为有必要修订时，营运单位应及时修订应急预案报国务院核安全监督管理部门，经审查认可后方可生效。

13.4.4　相关方通知

营运单位应将应急预案及执行程序的修改及时通知所有有关单位

第14章

记录和报告

14.1 记　录

核安全导则《核燃料循环设施营运单位的应急准备和应急响应》HAD002/07 规定：营运单位应把应急准备工作和应急响应期间的情况详细地进行记录并存档，其主要内容包括：

1. 培训和演习的内容，参加的人员和取得的效果等；

2. 应急设施的检查和维修，应急设备及其配件的清点、测试、标定和维修等情况；

3. 事故始发过程和演变过程，设施安全重要参数和监测数据；

4. 应急期间的评价活动、采取的补救措施、防护措施和恢复措施以及应急行动的程序和所需的时间等。

铀浓缩厂各应急组织应对应急准备工作和应急期间的情况进行详细记录。包括：

1. 培训和演习的内容、参加人员和取得的效果等，相关资料存放在相关单位、安全管理部门或各应急组；

2. 应急设施的检查和维修，应急设备及其配件的清点、测试、标定和维修等情况，相关资料按照职责分工存放在各单位；

3. 事故始发过程和演变过程，相关资料存放在分析检测部门和安全管理部门；

4. 应急人员在应急期间的受照情况，相关资料存放在安全管理部门。

14.2 报　告

核安全导则《核燃料循环设施营运单位的应急准备和应急响应》HAD002/07 规定：

1. 营运单位应在每年的第一季度向国务院核安全监督管理部门提交上年度的应急准备工作实施情况的总结和当年的计划报告。

2. 每次综合演习结束后 30 天内，营运单位应向国务院核安全监督管理部门和所在地区核与辐射安全监督站提交报告。

3. 发生核事故时，营运单位应及时向国务院核工业主管部门、核安全监督管理部门和省、自治区、直辖市人民政府指定的部门报告。

4. 营运单位核事故应急报告的内容和格式按核燃料循环设施营运单位报告制度相关

核安全法规执行。

5. 营运单位应在进入应急状态、应急状态等级发生变更或应急状态终止后1小时内，首先用电话，随后用传真方式（或其他安全有效通信方式）向国务院核安全监督管理部门和所在地区核与辐射安全监督站发出应急通告。

6. 营运单位应在进入厂房应急或高于厂房应急的状态后的1小时内用电话和传真方式（或其他安全有效通信方式）向国务院核安全监督管理部门和所在地区核与辐射安全监督站发出应急报告；此后，每隔2小时用电话和传真方式（或其他安全有效通信方式）向国务院核安全监督管理部门和所在地区核与辐射安全监督站报告一次，直至应急状态变更或终止。

7. 在事故态势出现大的变化时，随时用电话和传真方式（或其他安全有效通信方式）向国务院核安全监督管理部门和所在地区核与辐射安全监督站发出应急报告。此后，每隔2小时用电话和传真方式（或其他安全有效通信方式）向国务院核安全监督管理部门和所在地区核与辐射安全监督站报告一次，直至应急状态变更或终止。

8. 营运单位应在应急状态终止后30天内向国务院核安全监督管理部门和所在地区核与辐射安全监督站提交最终评价报告。报告的主要内容包括：

（1）事件或事故发生前的主要运行参数和事件或事故的演变过程；

（2）事件或事故过程中放射性物质释放方式，释放的核素及其数量；

（3）事件或事故发生的原因；

（4）事件或事故发生后采取的补救措施和应急防护措施；

（5）对事件或事故后果的估算，包括场内外剂量分布、环境污染水平和人员受照射情况；

（6）事件或事故造成的经济损失；

（7）经验教训和防止再发生的预防措施；

（8）需要说明的其他问题和参考资料。

铀浓缩厂报告的内容和具体要求：

1. 每年的第一季度末向所在地区核与辐射安全监督站提交上年度的应急准备工作实施情况的总结和当年的计划报告；

2. 每次综合演习结束后一个月内，向所在地区核与辐射安全监督站提交总结报告；

3. 进入应急待命状态1h内，应急总指挥电话报告集团公司应急办公室、原子能公司，以电话及传真向国家核应急办公室、国家核安全局、所在地区核与辐射安全监督站和省级核应急办进行“核事故应急通告（应急待命）”；

4. 进入厂房应急状态后1h内，应急总指挥电话报告集团公司应急办公室、原子能公司，以电话及传真向国家核应急办公室、国家核安全局、所在地区核与辐射安全监督站和省级核应急办进行“核事故应急通告（厂房应急）”，每隔2h用电话及传真方式向国家核应急办公室、国家核安全局、所在地区核与辐射安全监督站和省级核应急办发一次“核事故应急（后续）报告”。直至退出应急状态为止；

5. 在核事故应急状态终止后，应急总指挥电话报告集团公司应急办公室、原子能公司应急状态终止，以电话及传真向国家核应急办公室、国家核安全局、所在地区核与辐射安全监督站和省级核应急办发出“核事故应急（终止）报告”；

6. “核事故应急通告”“核事故应急（后续）报告”“核事故应急（终止）报告”的内容和格式按公司应急指挥控制实施程序的格式要求填写；

7. 应急状态终止后，在一个月内向国家核应急办公室、国家核安全局、所在地区核与辐射安全监督站、省级核应急办、集团公司应急办公室和原子能公司提交“核事故评价报告”。报告主要内容包括：事故的始发和演变过程；发布应急状态的级别；事故工况下放射性物质的释放方式、释放量；采取的补救措施和应急防护措施；人员照射、环境污染、经济损失情况；取得的经验教训、防止事故再度发生的措施、改进应急预案的要点等其他需要报告的内容。

第 15 章

辐射的基础知识

了解掌握辐射的基础知识。掌握辐射与辐射分类、环境中的电离辐射来源、放射性和放射性衰变的基本类型、电离辐射的基本量和单位等相关内容。

15.1　辐射与辐射分类

15.1.1　辐射的定义

指以波或粒子的形式向周围空间或物质发射，并在其中传播的能量。

15.1.2　辐射的分类

按照辐射能量的大小把辐射分为：电离辐射和非电离辐射。

15.1.2.1　非电离辐射

指能量低（小于 12.4 eV）无法电离物质的辐射。如紫外线、可见光、红外线、射频辐射和无线电波等。

15.1.2.2　电离辐射

指能量高能使物质发生电离作用的辐射。如 X 射线、中子、γ射线、α射线、β射线等。

（1）直接致电离辐射，如α、β等。

（2）间接致电离辐射，如中子辐射、γ辐射、X 射线等。

从事铀浓缩行业的人员面临的都是电离辐射。

15.2　环境中的电离辐射来源

电离辐射来源：天然辐射源和人工辐射源。

15.2.1　环境中天然放射性来源

宇宙射线：来自宇宙空间的各种粒子或射线。

宇生放射性核素：宇宙射线的粒子与大气中的物质相互作用下产生，主要有 ^{14}C，^{3}H 等。

原生放射性核素：地球形成时就已存在的核素和它们的衰变产物，如 ^{238}U，^{235}U，^{232}Th

为母体的三个放射系和长半衰期的 ^{40}K，^{87}Rb 等。

一般场所的天然辐射源照射剂量值（天然本底）为 2.4 mSv/a。

15.2.2 人工辐射源

医疗辐射（例如：放射诊断、放射治疗、核医学、介入放射学）；

核试验沉降；

核燃料循环核能生产；

放射性同位素生产与应用；

核事故和辐射事故。

15.3 放射性和放射性衰变的基本类型

原子：是指化学反应不可再分的基本微粒。原子由原子核和绕核运动的电子组成。

原子核：原子核由质子和中子组成，质子和中子统称为核子。以一个原子核中含有的质子和中子的总数称为原子质量数，通常以 A 表示。每个质子带一个单位的正电荷，中子不带电荷。原子核占了 99.96%以上原子的质量。

元素：核电荷数相同的原子具有相同的化学性质，通常把核电荷数相同的一类原子称为一种元素：元素的原子序数等于核电荷数。一般用符号 ${}_{Z}^{A}X$ 表示某种元素，其中 X 代表元素的化学符号；Z 为原子序数，等于原子核内的质子数；A 为原子质量数，没有量纲，其数值等于原子核内质子数和中子数的总和。

同位素：具有相同原子序数不同中子数的原子属于同一元素。我们把原子序数 Z 相同，但质量数 A 不同的核素统称为某元素的同位素，如 ^{238}U、^{235}U、^{234}U 等均为铀元素的同位素。

放射性同位素：具有放射性的同位素称为放射性同位素。

放射性核素由于核内结构或能级调整，自发地释放出一种或一种以上的射线并转化为另一种核素的过程，称为核衰变（nuclear decay），核衰变的方式主要是α衰变、β衰变和γ衰变。

15.3.1 放射性

原子核自发地放射出α、β、γ等各种射线的现象，称为放射性。

放射性是 1896 年法国物理学家贝克勒尔发现的。他发现铀盐能放射出穿透力很强的，并能使照相底片感光的一种不可见的射线。经过研究表明，它是由α、β、γ三种射线组成的。

人类赖以生存的环境（土壤、水、大气等）均存在放射性。环境中的放射性主要是天然的，还有少量人工的。

15.3.2 衰变

原子核发射各种粒子（射线）的过程。（α、β^-、β^+、γ，等）。

15.3.3　衰变类型

15.3.3.1　α衰变

α射线实际就是氦核的粒子流，质量为氢原子质量的四倍，带两个单位的正电荷，电离能力强。

$$AZX \rightarrow A-4Z-2Y+\alpha+Q$$

AZX→母核　A – 4Z – 2Y→子核　α→出射粒子　Q→能量

例：$^{226}_{88}Ra \rightarrow\, ^{222}_{86}Rn+^{4}_{2}He\ (E_a=4.785\ MeV)$

（镭→氡）

α射线特点：α射线的强电离作用，它所到之处很容易引起电离，这种强电离作用对人体内组织有破坏能力，其能量会全部被组织和器管所吸收，所以内照射的危害是必须考虑的；α射线的低穿透性射程非常短，α射线在空气中的射程只有几厘米，1 个 5 MeV 的α粒子在空气中的射程大约是 3.5 cm，在铝金属中只有 23 μm，一张薄纸就能挡住它。

15.3.3.2　β衰变

原子核自发地放射出正负电子而发生的转变，统称为β衰变。

β粒子实质上是电子和正电子。β衰变中，子核与母核的质量数相同，只是电荷数相差 1。

例：$^{32}_{15}P \rightarrow\, ^{32}_{16}S+e^{-}+\bar{\nu}+Q$

$^{13}_{7}N \rightarrow\, ^{13}_{6}C+e^{+}+\bar{\nu}+Q$

β射线特点：电离能力比α射线小；穿透能力比α射线强；β射线能被体外衣服消减或阻挡，一张几毫米厚的铝箔可完全将其阻挡，防护上较为容易。

15.3.3.3　γ衰变

原子核从能量较高的激发态通过发射电磁波转变到能量较低的能态，此过程称为 γ 衰变。例：^{60}Co、^{137}Cs 等。

γ衰变过程中发出的电磁波（光子）称为γ射线。

$$AZXm \rightarrow AZX+\gamma$$

例 $^{60}_{27}Co \rightarrow\, ^{60}_{28}Ni+\beta^{-}+\gamma$

γ射线特点：穿透力强，能轻易穿透人的身体，对人体造成危害；混凝土、铁、铅等物质能有效地阻挡γ射线；电离能力弱，主要是外照射伤害。

15.3.4　放射性核素衰变规律

15.3.4.1　放射性核素（天然/人工）都要发生衰变

核素衰变的强弱用放射性强度表征。

15.3.4.2　放射性核素衰减规律

放射性核素以负指数规律衰减，放射性核素的衰变率（或辐射强度）会随时间的增加而递减。

15.3.4.3　半衰期（$T_{1/2}$）

放射性核素的数目减少至原来一半所需要的时间。

$$A = N\lambda = A_0 e^{-\lambda t} = A_0 e^{-\frac{\ln 2}{T_{1/2}}t}$$

$$T_{1/2} = 0.693/\lambda$$

λ为放射性核素的衰变常数。

各放射性核素的半衰期都是固定不变的，而且各不相同，有如人的指纹一般。

例如，^{60}Co 的半衰期是 5.26 年，空气中的 ^{222}Rn 的半衰期是 3.82 天。

15.4 电离辐射的基本量和单位

15.4.1 活度（ACTIVITY），*A*

关于辐射量的国际制单位问题近几十年来展开了广泛的讨论。1984 年我国发布的《中华人民共和国法定计量单位》中规定，一切属于国际单位制的单位都是我国的法定计量单位。1975 年，国际计量委员会（CIPM）在它所召开的第十五届国际计量大会上，正式通过决议：对放射性强度（活度）的国际制单位采用专门名：贝克勒尔（Becquerel），简称贝克（Bq），1 贝克表示放射性核素在 1 秒钟内发生一次核衰变，即：1 Bq = 1 s^{-1}。

放射性核素在单位时间内产生自发性衰变的次数，即衰变率，称为放射性活度。活度的单位是「贝可」，简写成 Bq，它定义为 1 贝可（Bq）= 1 衰变/秒，贝可是用来表示一个辐射源的强度（衰变率）。

另一个常用的旧的单位是「居里」：1 居里（Ci）= 3.7 × 10^{10} 贝可（Bq）

15.4.2 吸收剂量（ABSORBED DOSE），*D*

单位质量的物质（千克）吸收的辐射能量（焦耳），称为吸收剂量。

吸收剂量的单位是「戈瑞」，简写为 Gy，它定义为 1 戈瑞（Gy）= 1 焦耳/千克，1 mGy=10^{-3} Gy。

每小时平均接受的吸收剂量称为吸收剂量率，单位戈瑞/小时（Gy/h），也有毫戈瑞/小时（mGy/h），微戈瑞/小时（μGy/h）。

15.4.3 当量剂量（EQUIVALENT DOSE），H_T

不同种类的辐射（α、β、γ、中子）照射人体，虽使人体有相同的吸收剂量，但却会造成不同的伤害现象。

为此，针对不同种类的辐射定出辐射权重因数（WR），代表不同辐射对人体组织造成不同程度的生物伤害，它们的值列于下表 15-1：

表 15-1 辐射权重因数

辐射种类	辐射权重因数
光子，电子及介子，所有能量	1
质子（不包括反冲质子），能量大于 2 MeV	5

续表

辐射种类	辐射权重因数
中子	5 ～ 20
α粒子、裂变碎片、重核	20

HT（希沃特）= D（戈瑞）× WR

当量剂量即为人体的吸收剂量和辐射权重因数的乘积，它已经含有辐射对人体伤害的意义了。

单位是「希沃特」，简称「希」，简写成 Sv，也有毫希沃特（mSv），微希沃特（μSv）。

我们拍一张胸部 X 光片，胸部组织大约接受 0.1 mSv 剂量。从辐射权重因数 W 值可知，α粒子虽然穿透力很弱但健康危害却很大，如把铀-235 等放射α粒子的同位素吃进体内，则会对体内组织造成较大的伤害。

15.4.4　有效剂量（EFFECTIVE DOSE），*E*

由于人体各种组织器官对辐射的敏感度不同，所以虽接受相同的当量剂量，但造成的健康损失（患癌症或不良遗传）的风险（概率）却不同，也就是说不同的组织器官，照射相同的辐射所造成的伤害不同。

因此又定出「组织权重因数」（WT）来代表各组织器官接受辐射对健康损失的概率。

若把各组织器官的当量剂量（HT），与其权重因数的乘积再累加起来，即成为有效剂量（E）。

$$\boxed{E = \sum_{\mathrm{T}} w_{\mathrm{T}} \bullet H_{\mathrm{T}}}$$

E 代表全身的辐射剂量，用来评估辐射可能造成我们健康效应的风险，单位也是希弗（Sv）。

表 15-2　组织器官的组织权重因数（W_{T}）

器官或组织	W_{T}
性腺	0.20
（红）骨髓	0.12
结肠	0.12
肺	0.12
胃	0.12
膀胱	0.05
乳腺	0.05
肝脏	0.05
食道	0.05
甲状腺	0.05

续表

器官或组织	W_T
皮肤	0.01
骨表面	0.01
其余组织和器官	0.05

15.4.5 照射量（Exposure），*X*

照射量表示 X 射线或γ射线在单位质量小体积元空气中，释放出来的全部电子（负电子和正电子）被完全阻止于空气中时，空气中形成的一种符号的离子总电荷的绝对值。

其单位是「库仑/千克」，简写成 C/kg。

曾经以伦琴为单位，简写为 R：1 伦琴（R）= 2.58×10^{-4} 库仑/千克（C/kg）。

照射量较小时，常用毫伦或微伦表示；照射量率就是单位时间内的照射量。

第16章

电离辐射防护

十九世纪末，随着天然辐射和天然放射性核素的发现，辐射很快在医学等领域得到应用，随即也就开始出现了人类早期的辐射防护问题，也就开始了辐射防护的历史。

在辐射防护领域中体系的建立及发展，国际组织机构发挥了重要的作用，了解这些机构及相应的功能，有助于辐射防护理论知识的学习。

辐射防护领域重要的国际组织主要包括：

联合国原子辐射效应科学委员会：United Nations Scientific Committee on the Effects of Atomic Radiation（UNSCEAR）；

国际放射防护委员会：International Commission on Radiological Protection（ICRP）；

国际辐射单位与测量委员会：International Commission on Radiological Units and Measurements（ICRU）；

国际原子能机构：International Atomic Energy Agency（IAEA）。

这些组织结构的主要功能和分工为：

UNSCEAR：定期审查环境中使人群受到照射的天然及人工辐射来源，由这些来源引起的照射以及这种照射相关的风险。定期向联合国大会报告研究成果。

ICRP：基于 UNSCEAR 等机构团体的评估和自身的研究成果，定期出版电离辐射防护的推荐书。权威性源自其成员单位的科学地位及其推荐书的价值。

ICRU：辐射单位与测量方面的专业委员会，工作与 ICRP 成果密切配合。

IAEA：法定职能是指定安全标准，如情况适合，则与其他的国际组织合作制定。就辐射防护而言，很大程度上依赖 UNSCEAR、ICRP、ICRU 的工作。

16.1 电离辐射的生物效应

16.1.1 电离辐射对人体的作用

电离辐射对人体的作用可以概括为两种作用：对细胞的杀伤作用和对细胞的诱变作用。

16.1.1.1 是对细胞的杀伤作用

辐射使受照射细胞死亡或受伤，细胞数目减少或功能降低，结果影响了受照射组织或器官的功能，表现为非随机性效应，如急性放射病、造血功能障碍。

轻者表现为致伤、致病效应，如可产生恶心、疲劳、呕吐、血相有变化。

重者表现为毛发脱落、厌食、全身虚弱、体温增高、出现紫斑、苍白、鼻血、迅速消瘦，甚至出现死亡。

受照剂量超过 4 Gy 时，50%的受照者可能死亡，超过 6 Gy 时，死亡可能达 100%。在正常情况下一般不发生这种事故。但违反操作规程、核爆、无屏蔽的照射可能产生严重后果。

16.1.1.2　是对细胞的诱变作用

主要表现为“三致”作用：诱发细胞发生癌变（致癌）、还有诱发基因突变（致突）、先天性畸形（致畸）。

电离辐射是非常特异的致癌因子。也是人类首先证实的致突剂。

突变可分为基因突变，也可为染色体损伤而导致的突变。

在人体的突变后果中多数是有害的——体细胞突变可能诱发癌症，性细胞突变导致遗传损伤，辐射对胚胎的作用而导致的先天性畸形。

16.1.1.3　辐射影响人体的特点

（1）第一个特点是所吸收的能量不大，但生物效应严重。

例如，接受了达 10 Gy 的致死剂量后，人体温度只因所吸收的能量而升高 0.02 ℃，而这个剂量却可使全部受照者死亡。

（2）第二个特点是生物损伤有潜伏期。

急性效应可以在几小时到几天内出现，而远期效应一般都在几年以后出现。

16.1.2　辐射生物效应

电离辐射作用人体后，其能量传递给机体的分子、细胞、组织和器官，由此所造成的形态和功能的后果，称为辐射生物效应。

16.1.3　辐射生物效应分类

16.1.3.1　按效应发生的个体的不同分为：

（1）躯体效应：发生在受照者本人身上。

（2）遗传效应：发生在受照者后代身上。

16.1.3.2　按效应发生的可能性分为：随机性效应和确定性效应（非随机性效应）

（1）随机性效应：是指发生几率与剂量成正比，而严重程度与剂量无关的辐射效应。这种效应的发生不存在剂量阈值。主要指致癌效应和遗传效应。

任何微小的剂量也可引起效应，只是发生的几率极其微小而已。

随机效应的剂量-效应曲线见图 16-1。

（2）确定性效应：是指存在剂量阈值的一种辐射效应，剂量超过阈值越多则效应就越严重。

它是某些特殊组织所独有的躯体性效应。

举例：眼晶体混浊、白内障、皮肤烧伤、不育、致残、致死等。

表 16-1 短期大剂量外照射的辐射损伤

剂量/Gy	类型		初期症状或损伤程度
＜0.25 0.25～0.5 0.5～1			不明显和不易觉察的病变 可恢复的机能变化，可能有血液学的变化 机能变化，血液变化，但不伴有临床症象
1～2 2～3.5 3.5～5.5 5.5～10	骨性 髓放 型射 急病	轻度 中度 重度 极重度	乏力、不适，食欲减退 头昏，乏力，食欲减退，恶心，呕吐，白细胞短暂上升后期下降 多次呕吐，可有腹泻，白细胞明显下降 多次呕吐，腹泻，休克，白细胞急剧下降
10～50	肠型急性放射病		频繁呕吐，腹泻严重，腹疼，血红蛋白升高
＞50	脑型急性放射病		频繁呕吐，腹泻，休克，共济失调，肌张力增高，震颤，抽搐，昏睡，定向和判断力减退

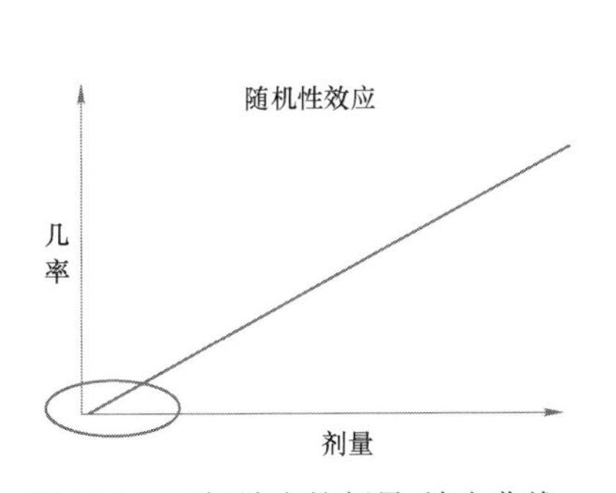

图 16-1 随机效应的剂量-效应曲线

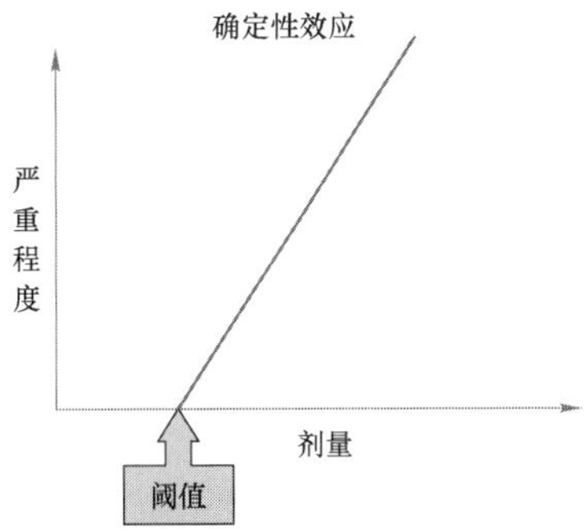

图 16-2 确定性效应的剂量-效应曲线

放射职业工作人员通常面临随机性效应的威胁，事故情况下则可能发生确定性效应的危害。

16.2 辐射防护的基本原则和目的

16.2.1 辐射防护的目的

辐射防护的目的是在于防止有害的确定性效应的发生，并限制随机性效应的发生概率，将随机性效应的发生率控制在尽量低的水平，以保障辐射工作人员和广大公众的安全和健康，保护环境。

16.2.2 辐射防护基本原则

根据国家和国家相关法规标准，辐射防护的基本原则有如下三条。

16.2.2.1 实践（即活动）的正当性（利益＞代价）

对于一项活动，只有在同时考虑了社会、经济和其他有关因素之后，所带来的利益足以弥补其可能造成的辐射危害时，该实践才是正当的。对于不具有正当性的实践，不应予以批准。

为了防止不必要的照射，在引进伴有辐射照射的任何项目、设施之前，都必须经过正当性判断，确认其具有正当的理由，获得的净利益超过付出的代价（包括付出的健康代价）。

正当性判断是企业或企业委托有资质的单位按规定进行全面的评价后，由国家主管部门或上级部门进行的。

16.2.2.2 辐射防护最优化（ALARA 原则）

辐射防护最优化的目的在于避免一切不必要的照射。对于任一特定源的照射，应使得在考虑了经济和社会因素之后，个人受照剂量的大小、受照射的人数以及受照射的可能性均保持在可合理达到尽量低的水平；这种最优化应以所致个人剂量和潜在照射危险分别低于剂量约束和潜在照射危险约束为前提条件。

辐射防护最优化原则必须贯彻于公司的运行、检修、科研、技术改造等一切生产技术活动之中。不仅局限于控制职业照射，也适用于对公众的照射的控制和环境保护的需要。

16.2.2.3 个人剂量限制

在实施上述两项原则的同时，还要保证个人（包括工作人员和公众）所受剂量当量不应超过规定的限值。剂量限制包括控制个人接受的所有辐射源照射的总剂量，但不包括医疗照射和天然本底照射。

除了上面叙述的基本原则外，还应根据若干实际的技术和管理要求来实施辐射防护与安全计划。这些技术和管理要求如下：

——辐射源的实物保护；

——多层安全措施叠加的“纵深防御”；

——良好的工程实践；

——“安全第一，质量第一”的方针；

——培植和保持良好的安全文化素养；

——营运管理的要求等。

16.3 剂量限值

剂量限制的限值是不允许接受的剂量范围的下限，而不是允许接受的剂量范围的上限，是最优化过程的约束条件。剂量限值不能直接用于设计和工作安排的目的。职业照射限值见表 16-2。

剂量限值包括基本限值、导出限值和管理限值。在满足基本限值和导出限值的同时，可根据实际制定更加严格的管理限值来控制人员的受照剂量，以达到尽可能低的水平。

16.3.1 基本限值

16.3.1.1 对任何工作人员的职业照射水平进行控制，不超过下述限值：

（1）由审管部门决定的连续 5 年的年平均有效剂量，20 mSv；

（2）任何一年中的有效剂量，50 mSv。

16.3.1.2　实践使公众中有关关键人群组的成员所受到的平均剂量估计值不应超过下述限值：

（1）年有效剂量，1 mSv；

（2）特殊情况下，如果 5 个连续的平均剂量不超过 1 mSv，则某一单一年份的有效剂量可提高到 5 mSv。

16.3.1.3　特殊情况

（1）在特殊情况下，可依据审管部门的规定临时变更剂量限制，将由审管部门决定的连续 5 年的年平均有效剂量的剂量平均期破例延长到 10 年。但任何一年内不得超过 50 mSv，临时变更的期限不得超过 5 年；

（2）年龄小于 16 周岁的人员不得接受职业照射。年龄小于 18 周岁的人员除非为了进行培训并受到监督，否则不得在控制区工作；他们所受的剂量应按上述规定进行控制；

（3）孕妇和授乳妇女应避免受到内照射。女员工怀孕后要及时通知用人单位，以便必要时改善其工作条件。用人单位有责任改善怀孕女性工作人员的工作条件，以保证为胚胎和胎儿提供与公众成员相同的防护水平。

表 16-2　职业照射剂量限值

应用范围	剂量限值	
	职业工作人员	16～18 岁青年（学习所需）
有效剂量	5 年 100 mSv，每年平均 20 mSv 任何一年不大于 50 mSv，剂量约束值为 20 mSv 的一部分	6 mSv/a
年当量剂量		
眼晶体	150 mSv	50 mSv
皮肤	500 mSv	150 mSv
手和足	500 mSv	
胎儿	诊断后余下妊娠内孕妇下腹表面剂量不应大于 1 mSv	150 mSv

16.3.2　导出限值

气载放射性浓度的导出限值由导出空气浓度（DAC）表示，它可以及时为辐射监测人员提供工作场所空气污染的状况，也可作为评价工作人员的受照剂量时的参考依据。主要铀核素（F 类）的 DAC 有关数值见表 16-3。

表 16-3　主要铀核素（F 类）的 DAC

核素名称	DAC/（Bq/m^3）
低浓铀（按 ^{235}U 4%富集度考虑）	12.9
天然铀	13.3

16.3.3 管理限值

管理限值应低于基本限值或相应的导出限值，而且在导出限值和管理限值并存情况下，优先使用管理限值但必须严于基本限值和导出限值。

以某铀浓缩运行单位为例：根据单位辐射防护工作实际，经审管部门同意，制定单位辐射防护管理限值如下。

16.3.3.1 公众和工作人员个人剂量管理限值

根据辐射防护最优化的原则，对公众和工作人员的辐射剂量的设计目标为：

（1）工作人员个人职业照射有效剂量的设计目标值为 5 mSv/a；

（2）正常运行情况下，公众待积有效剂量约束值为**工程 0.01 mSv，**工程 0.01 mSv，**工程 0.02 mSv。事故情况下，将公众中任何个人（成人）可能受到的事故剂量控制在 5 mSv 以下。

16.3.3.2 放射性工作场所空气气溶胶铀浓度限值

根据同类工厂多年的运行经验，放射性工作场所铀气溶胶浓度的控制限值见表 16-4。

表 16-4 放射性工作场所铀气溶胶浓度控制限值

序号	类别	铀浓度/（μg/m³）	氟浓度/（mg/m³）
1	常规监测	≤2	≤1
2	设备、管道检修时内腔样	≤40	≤4

16.3.3.3 工作场所放射性表面污染控制水平见表 16-5

表 16-5 工作场所的放射性表面污染控制水平（单位：Bq/cm²）

表面类型	工作区	α放射性物质		β放射性物质
		极毒性	其他	
工作台、设备、墙壁、地面	控制区	4	40	40
	监督区	0.4	4	4
工作服、手套、工作鞋	监督区 控制区	0.4	0.4	4
手、皮肤、内衣、工作袜		0.04	0.04	0.4

放射性核素根据其毒性大小分为以下 4 组：

极毒性，共 45 种核素，如 ^{239}Pu，^{241}Am，^{210}Po，^{226}Ra；

高毒性，共 53 种核素，如 ^{60}Co，^{90}Sr，^{210}Pb，^{237}Nb；

中毒性，共 326 种核素，如 ^{137}Cs，^{32}P，^{131}I，天然铀；

低毒性，共 427 种核素，如：^{210}Tl，^{235}U，^{238}U，^{3}H。

16.4　职业照射的定义和范围

16.4.1　职业照射的定义

我国现行标准 GB 18871—2002 规定，职业照射的定义是：除了国家有关法规和标准所排除的照射以及根据国家有关法规和标准予以豁免的实践和源所产生的照射以外，工作人员在其工作过程中所受的所有照射。

16.4.2　职业照射的范围

职业照射是指在正常情况下，能合理地视为在营运单位负责的条件下工作的照射。职业照射的范围如下。

16.4.2.1　来自人工辐射源的照射，但不包括：

（1）医疗照射；

（2）正规控制之外或予以豁免的辐射源产生的照射。

16.4.2.2　来自天然辐射源的照射：

（1）审管机构已指明要注意氡气危害的场所的操作（包括温泉、露天开采的铀矿山、其他多数矿山和岩洞，以及其他相应的地下工作；

（2）操作和贮存好友显著量天然放射性物质的物料，该物料业经审管机购认定；

（3）喷气飞机的机组人员；

（4）宇宙飞行。

16.5　辐射工作场所区域划分和管理

对辐射工作现场进行区域划分，其目的是在于方便辐射防护管理和对职业照射的控制。

根据《电离辐射防护与辐射安全基本标准》（GB 18871—2002）中的分区原则，铀浓缩运行单位放射性工作场所分为控制区（应标以红色）和监督区（应标以橙色），放射性工作场所应设置醒目的标志。

16.5.1　工作场所区域划分

控制区：在辐射工作场所划分的一种区域，在这种区域内要求或可能要求采取专门的防护手段和安全措施，以便在正常工作条件下控制正常照射或防止污染扩展，并防止潜在照射或限制其程度。

监督区：未被确定为控制区、通常不需要采取专门防护手段和安全措施但要不断检查其职业照射条件的任何区域。

以某铀浓缩运行单位为例：

根据《**工程最终安全分析报告》规定，运行单位现有放射性工作场所分区情况如下：

控制区为：供取料厂房、级联大厅、在线质谱间；

监督区为：废水处理厂房、容器清洗厂房、原料及成品库、放射性废物库、产品分析实验室；

除此之外的场所为非放射性工作场所。

16.5.2　控制区管理

应把需要和可能需要专门防护手段或安全措施的区域定为控制区，以便控制正常工作条件下的正常照射或防止污染扩散，并预防潜在照射或限制潜在照射的范围；在控制区的进出口或其他适当位置设立标识牌，并给出相应的辐射水平和污染水平的指示；控制区制定有防护与安全措施，包括适用于控制区的规则与程序，运用行政管理程序（如进入控制区工作许可证制度、出入证）实施出入控制，进出控制区人员严格遵守规则与程序；控制区边界都应建立连续的、实体的边界，非正常出入口必须实体屏蔽（包括门锁和联锁装置）限制进出控制区；在控制区入口提供防护衣具、监测设备和个人衣物贮存柜；在控制区出口提供皮肤和工作服的污染监测仪、冲洗设施以及被污染防护衣具的贮存柜等。

16.5.3　监督区管理

把未定义为控制区，在其中工作通常不需要专门的防护手段或安全措施，但需要经常对职业照射条件进行监督和评价的区域定为监督区；采取适当的手段规定出监督区的边界，在监督区的入口的适当地点设置标识牌；定期审查该区的条件，以确定是否需要采取防护措施和做出安全规定，或是否需要更改监督区的边界等。

16.5.4　进出控制

控制区和监督区均应有明显的标识，必须持特定出入证进入。进入放射性工作场所的工作人员必须熟悉辐射防护要求，参观或协作人员必须在相关人员的陪同和监督下才能进入控制区。

在控制区工作时应做到：不吸烟不进食；不随便脱下防护用品；不触摸与工作无关的设备；不在污染情况不明的地面、设备或墙壁上坐靠。在工作中如发现可能出现异常的辐射，应立即通知防护人员并尽可能离开工作区域。

放射性厂房的人流、物流分开，设专用的物料、设备运输进出口和应急疏散出口，采取安全有效的进出控制手段，带出放射性厂房的物品和材料进行分类收集及辐射污染监测，确认无污染或污染受控后才允许离开。

人员进出控制区必须通过人流通道，不得通过边界离开辐射控制区，控制区人流通道应设有卫生出入口，人员通过卫生出入口进出辐射控制区；卫生出入口应设有淋浴间、监测点、家庭服和工件服更衣室等设施。

人员出控制区根据沾污情况（进行了开放式操作等工作）进行表面污染监测。表面污染检测超标的（依据图 16-3 工作场所的放射性表面污染控制水平）到事故淋浴间进行去污处理。

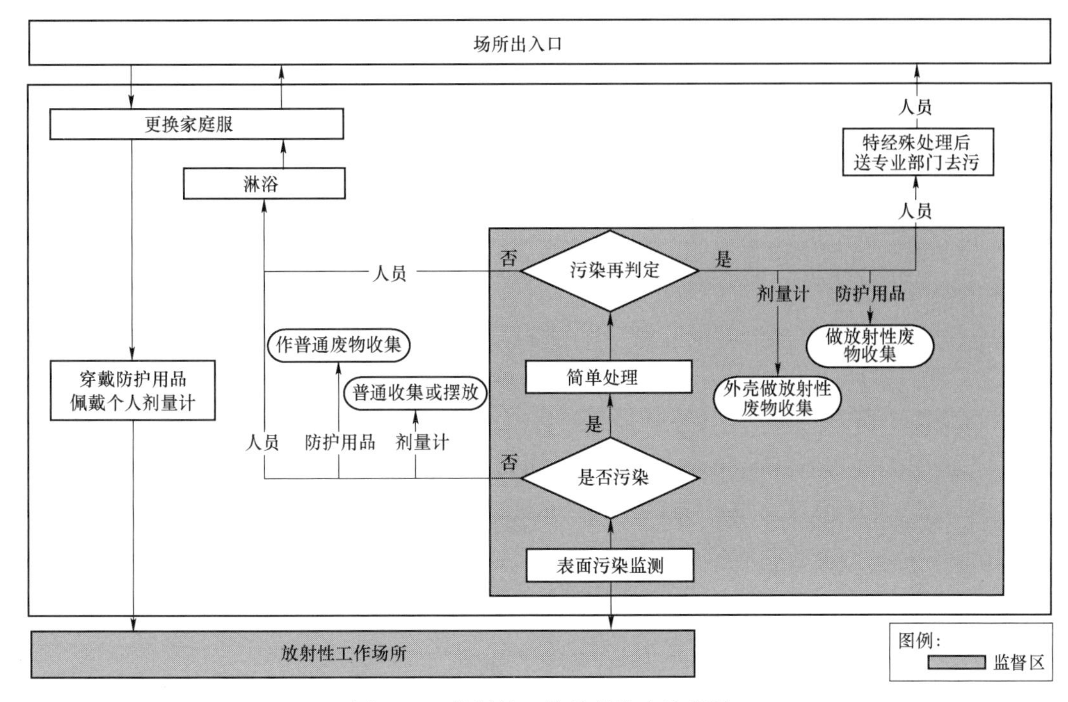

图 16-3　放射性工作场所进出流程图

16.6　辐射防护的基本措施

16.6.1　辐射对人体的照射方式

辐射对人体的照射方式有：外照射、内照射。

外照射是辐射源在人体外部释放出粒子、光子作用在人体上的照射。

内照射是放射性核素进入人体内，在体内衰变释放出粒子、光子作用在人体上的照射。

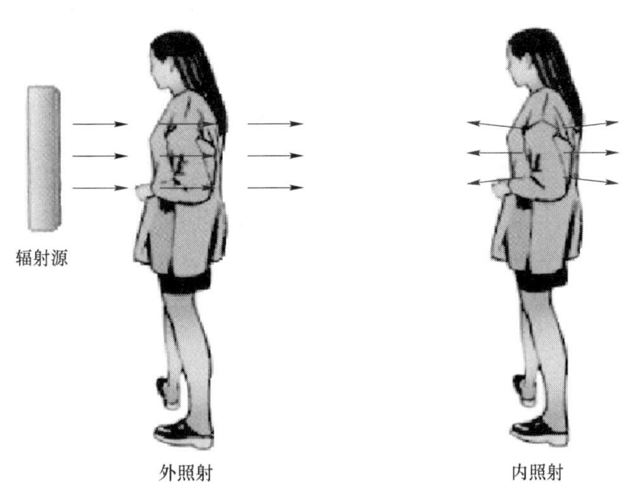

图 16-4　外照射与内照射

由于两种照射防护的基本思路是不同的，因而所采取的防护措施与方法也是不同的。

16.6.2　外照射的防护

由于受到射线贯穿能力的限制，只有中子、γ射线和 X 射线，以及较高能量的β射线才会构成外照射，α粒子不会构成外照射。

外照射射线与物质相互作用，发生电离，从而破坏人体的细胞，这就是辐射的生物效应。外照射可分为两类，一类是低剂量率、小剂量水平下的短时间照射；另一类是中、高剂量率、大剂量水平下的短时间照射。

16.6.2.1　外照射的防护方法

外照射防护方法主要为：

“时间防护、距离防护、屏蔽防护”（外照射防护三原则）

时间防护-尽量缩短受照射时间；

距离防护-尽量增大与辐射源的距离；

屏蔽防护-在人与辐射源之间设置合适的屏蔽。

可以采取其中一种或几种手段的综合。

“时间防护”与“距离防护”是既经济又简便易行，但实际工作中往往单靠这两种办法还是不行的。因此必须考虑“屏蔽防护”，就是在人与放射源之间放置屏蔽物，以达到减弱射线强度的目的。

对外照射的防护，“时间防护”与“距离防护”对不同的射线都一样可用，而“屏蔽防护”对不同的射线考虑是完全不同的。

对于α射线由于其射程短，能被一张纸或衣服挡住，其连人的皮肤也穿透不过，所以α射线不会造成外照射辐射损伤，因此，一般可以不考虑α射线的外照射防护。对中子我们接触很少，所以，我们主要考虑的是 X 射线、γ射线和β射线的防护问题。

16.6.2.2　不同射线屏蔽材料的选择

α射线：由于α射线的射程非常短，即使能量比较高的α射线，一张纸也能将它完全挡住，因此，α射线外照射一般不会对人类造成危害；但进入人体组织和器官时，其能量将全部被组织和器官所吸收，所以，要特别重视防止α射线的内照射。

β射线：β射线与物质相互作用时，一部分能量会以 X 射线（韧致辐射）的形式辐射出来，所产生的韧致辐射的强度既与物质的原子序数 Z 的平方成正比，还与β射线的能量成正比。如：能量为 1 MeV 的β射线在铅（$Z=82$）中有 3%的能量转化为韧致辐射（X 射线），而在铝（$Z=13$）中只有 0.4%的能量转化为韧致辐射。

所以，对β射线的屏蔽，一般要选用原子序数较低的物质，如有机玻璃、塑料和铝板等，以减少韧致辐射产生的份额。但对活度和能量较高的β源，最好在轻材料屏蔽后面，再添加适当厚度的重物质屏蔽材料，以屏蔽防护韧致辐射。

X 射线和γ射线：它们与物质相互作用时，主要的三种形式是光电效应、康普顿散射和电子对产生，光电效应发生概率与物质的原子序数 Z 的 4 次方成正比，康普顿散射与 Z/A 成正比，电子对产生与 Z 的平方成正比。因此，X 射线和γ射线的屏蔽，要选择原子序数高的重物质为好，如铅和含铅的玻璃是目前较普遍采用的屏蔽材料。

中子：中子与物质相互作用的过程较为复杂，主要有散射和吸收两种；并且发生作用的方式与中子的能量有关。

一般将中子分为慢中子（小于 5 keV，其中能量为 0.25 eV 的称为热中子）、中能中子（5～100 keV）和快中子（0.1～500 MeV）三种。

在实际工作中，多数遇到的是快中子，快中子与轻物质发生作用时，损失的能量比重物质要多的多，如快中子与氢核碰撞时交给反冲质子的能量可达中子能量的一半。因此，含氢多的物质，如水和石蜡等，是屏蔽中子的最好材料。

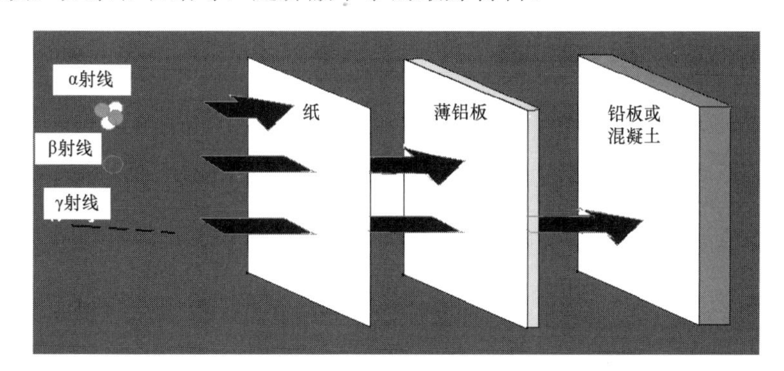

图 16-5　不同射线的穿透能力

16.6.3　内照射的防护

内照射防护的基本方法是制定各种规章制度，采取各种有效措施，尽可能地割断放射性物质进入体内的各种途径，使摄入量减少到尽可能低的水平。内照射防护的一般措施是“包容、隔离”和“净化、稀释”。

16.6.3.1　内照射防护的基本原则

（1）制定各种规章制度，采取各种有效措施；

（2）阻断放射性物质进入人体的各种途径；

（3）在最优化原则范围内，使摄入量减少到尽可能低的水平。

16.6.3.2　内照射的防护方法

放射性物质进入人体内的途径：食入、吸入、皮肤。

内照射防护方法：

（1）防止放射性物质从呼吸道进入体内；

（2）防止放射性物质从消化道进入体内；

（3）建立污染控制和内照射监测系统。

16.6.3.3　内照射防护的一般措施

（1）“包容、隔离”（小区域操作）；

（2）“净化、稀释”（空气过滤、除尘、换气）；

（3）“遵守规章制度、做好个人防护”（佩戴个人防护用品）；

（4）“妥善治理放射性废物”。

包容是指在操作过程中，将放射性物质密闭起来，如采用通风橱、手套箱等。

隔离就是分隔，根据放射性核素的毒性大小，操作量多少和操作方式等，将工作场所进行分级、分区管理。

净化就是采用吸附、过滤、除尘、凝聚沉寂、离子交换、蒸发、存储衰变、去污等发放，尽量降低空气、水中放射性物质浓度、降低物体表面放射性污染水平。

稀释就是在合理控制下利用干净的空气或水将放射性浓度降低到控制水平以下。

正确地使用防护口罩，是减少工作人员摄入放射性物质的重要手段。在必要的情况下，应对某些工作人员的排泄物进行定期检查或用全身计数器进行检查，以便及时发现体内污染事件。

第 17 章

离心分离过程的辐射安全控制

17.1　铀同位素离心分离的特点

在铀同位素离心分离过程中，包括后期的贫铀转化再利用工艺，工艺操作的主要工作物料都是 UF_6。例如，在供料和分离时，工作物料是气态 UF_6，在卸料时，工作物料是液态的 UF_6，在储存时，物料是固态的 UF_6。因此，原料、产品、贫料都是 UF_6，并且都是天然铀，只不过三者 ^{235}U 的富集度不同。产品丰度低，^{235}U 富集度低于 5%；生产工艺密闭、负压，正常情况下物料漏量很少。

图 17-1　铀浓缩厂离心级联（来自互联网）

17.2　离心分离过程的辐射污染及危害

17.2.1　离心分离铀浓缩厂辐射污染

辐射污染主要来自物料 UF_6。

放射性工作场所放射性污染来源有：辐射颗粒附着、系统泄漏、系统开口作业、污染设备转运、放射性设备维修、放射性物品加工等。

放射性污染是内照射产生的根源。放射性工作场所工作人员受到或者可能受到的内照射几乎全部来自污染。污染分表面污染（表面松散污染、表面固定污染）和空气污染（铀气溶胶）。

17.2.2 工艺物料 UF_6的污染及危害

应注意的危害有：辐射危害、化学毒性危害和特定场所极限情况下的核临界危害（如含铀废水处理岗位）。

17.2.2.1 六氟化铀的辐射危害

六氟化铀对工作人员主要危害和主要辐射危害途径是：

（1）吸入放射性铀气溶胶导致的α内照射；

（2）非正常情况下由伤口渗入或在放射性工作场所食物、吸烟造成内照射；

（3）工作人员在具有一定β和γ外照射设备附近停留造成外照射。

因此，离心分离过程中辐射安全控制的重点是防止铀气溶胶弥散和降低表面污染水平、限制污染范围，其次是γ射线外照射防护。

17.2.2.2 氟化氢及氢氟酸的化学毒性危害、防护及烧伤处置

（1）氟化氢及氢氟酸的化学毒性危害

UF_6的化学性质不很活泼，一般条件下不与氧、氯、氮等发生反应，但能与水发生剧烈反应，生成 UO_2F_2 放出 HF 和大量的热。HF 是无色具有强烈刺激气味的气体，它与水能够无限互溶形成氢氟酸。所以，当 UF_6 发生泄漏逸出，在空气中遇到水反应，生成 UO_2F_2 水化合物和 HF–H_2O 气雾，在空气中形成“白雾”。鉴于此，UF_6 必须被封闭在密封容器和工艺管道设备中。

HF 和氢氟酸均能与有机物及多种金属起反应，但 HF 的腐蚀性比其水溶液氢氟酸要弱得多。

HF 为刺激性很强的气体，在空气中浓度超过一定水平，会对眼睛、呼吸道发生刺激作用，导致炎症，造成眼睛流泪，眼睑肿胀，角膜模糊不清，喉咙发干、咳嗽、流鼻涕，呼吸困难及头晕呕吐等症状。

氢氟酸被归为Ⅰ级急性毒物（极度危险），对于人体的危害就是“侵筋蚀骨”“侵筋”指氟离子与钙离子结合影响神经功能；“蚀骨”指氟离子严重降低骨密度，引起骨并发症。此外高浓度氢氟酸经皮肤吸收可引起皮肤坏死和肺炎肺气肿等症状。

（2）氟化氢及氢氟酸的防护

氟化氢及氢氟酸操作中应注意：1）密闭操作，注意通风；2）可能接触 HF 及其烟雾时，操作人员佩戴自吸式防毒面具（全面罩），或空气呼吸器；穿橡胶耐酸碱服，戴耐酸碱手套；3）安装氟化氢报警装置。

（3）氢氟酸的烧伤处置：氢氟酸烧伤后，应立即用大量清水冲洗创伤面，并要去除伤处表面的衣服、饰物等，对小面积治疗可用甘油氧化镁糊剂或 25%的冰硫酸镁或钙螯合剂，另外 3%～5%的碳酸氢钠及 5%的硼酸湿敷，来中和氢氟酸，依靠镁和钙氟化物的不溶性，减轻氢氟酸的腐蚀作用。氢氟酸穿透组织能力很强，冲洗和中和只能消除表面及创

面浅层的氢氟酸的腐蚀作用，所以单纯的冲洗和中和是不够的，在损伤创面皮下四周注射 10%的葡萄糖酸钙溶液或在损伤区域近端动脉注射 10%的葡萄糖酸钙溶液，能达到更好的疗效。对于深度烧伤病人或眼烧伤病人，可给予倍塔米松口服，直至创面愈合。

17.3　离心分离过程中辐射防护措施

为了保证放射性危害处于合理可行尽量低的水平，要制定切实可行的安全操作规程，并对工作人员进行严格的培训，持证上岗，在具体工作中，为操作人员配备必需的防护用品。

17.3.1　日常操作中的辐射防护

从事辐射工作的工作人员，必须熟悉所操作的物料的性质和辐射防护知识。必须严格遵守辐射防护规定和相关管理制度。

各放射性厂房严格按设计要求运行全部排风和局部排放系统，保证厂房的换气次数。并在监督区和控制区之间保持合适的风压，使厂房间的风流方向由低污染区向高污染区扩散。

从事放射性操作的人员，必须佩带相应的个人防护用品，防护用品破损应立即停止工作进行更换。

严禁穿家庭服进入辐射工作场所，也不允许穿沾污的工作服出入清洁区和主厂区外。生产现场严禁吸烟、进食。饮水要到专门的场所，事先应洗手和漱口。

运行期间若发现地面、设备、工作服和人员可能发生放射性物质污染时，应及时联系辐射防护监测人员进行检查，确认被污染后要采取适当措施及时去污。

从事放射性工作的员工，若皮肤被划伤应及时去医务所处理，在外伤伤口未愈合或患有皮肤病时，各单位应根据医务证明安排其暂时脱离放射性工作。

放射性物品的运输，包括专业物料、含铀废物和放射源的运输，严格按国家《中华人民共和国放射性物品运输管理条例》《放射性物质安全运输规程》等法规及公司《放射性物品运输管理办法》《专业物料包装、贮存和运输安全防护规定》等制度要求执行。

17.3.2　检修时的辐射防护

检修分为计划检修、临时检修和事故状态下的临时性抢修。涉及放射性的检修计划和检修方案中必须包括可靠的辐射防护措施，并指定专人负责辐射防护措施的落实以及现场的监督监护工作。

根据各工作场所的具体条件，检修时的防护措施主要包括：

在检修各类主工艺设备、仪器、管道前，必须用清洁的空气或氮气对设备、管道内腔进行抽空、充气，反复进行置换、吹洗。经取样分析符合检修内腔样控制标准后，方可进行破空检修工作；

检修时，要开启局部排风或增加临时排风装置，保证工作场所合理的气流流动和换气次数，防止检修部位的污染在工作场所扩散；

检修人员穿戴个人防护用品。事故状态下的检修工作，还应根据事故现场放射性污染情况，限制抢险者进入抢修现场的工作时间；

检修单位负责检修现场的清洁和去污，检修垃圾按沾污废物和非放废物分类收集和送交。在进行污染严重的检修工作时，可事先对检修现场铺设塑料布，以方便检修完成后的去污处理。

17.3.3 核事故应急时的辐射防护

核事故应急情况下，应遵循正当性原则和最优化原则。

应制定核事故应急预案和实施程序，并规定最优化的干预水平和行动水平。从事核事故应急抢险人员的防护遵循 GB 18871—2002《电离辐射防护与辐射源安全基本标准》10.5 条款的要求，并且在当应急抢险人员所受到的剂量可能超过最大单一年份剂量限值（50 mSv）时，参与抢险行动应是自愿的，单位应告知所要面临的健康危险并在可行的范围内对其进行培训。核事故应急结束应及时安排抢险人员进行健康体检。抢险人员出控制区应进行体表污染监测，并根据污染情况在事故淋浴间进行事故淋浴。

17.3.4 相关方的辐射防护

应对进出放射性场所的相关方做好辐射防护工作，包括上级检查人员、外来参观人员、施工配合人员、业务合作对象等，检查、参观等人员应更换白大褂和白工作鞋（或穿鞋套），由对口接待单位负责做好安全告知等相关工作。

第18章

离心分离过程中辐射防护监测

18.1 辐射防护监测的目的

辐射防护监测的目的是利用辐射监测的结果评价和控制辐射危害，辐射防护监管部门可根据辐射监测结果检验辐射水平是否符合国家和地方的有关规定，并对工作单位提出辐射防护的要求和措施。为了估算和控制放射性辐射或放射性物质的照射而进行的测量。但辐射防护监测不同于一般单纯的测量，它本身不是目的，而是辐射防护的重要组成部分。它应当包括监测计划的制订、测量（分析）和测量结果的解释三个环节。其中监测计划的制订必须以辐射防护原则为指导，充分考虑到防护评价的要求。监测计划的规模和要求应随具体实践和设施的性质和规模而异。可以有以下一些特殊目的：

（1）对良好的工作实践（充分的监督和培训）以及工作标准的确认。

（2）提供以下方面的信息：有关工作产所和环境安全状况；安全状况得到满意控制的确认方法；有关操作工艺的改变已经改善或恶化了放射性工作条件的确认方法。

（3）估计人员受到的照射，以证明符合监管要求。

（4）根据对收集到的个人和群体的监测数据的审查、评价和制定操作规程（这些数据可用于鉴别现有操作规程和设计特性的优缺点、从而进一步改进安全状况）。

（5）提供有利于工作人员了解他们是如何、何时、何地受到照射的信息，以促进他们自己设法降低所受到的照射。

（6）为评价事故性照射剂量提供信息。

（7）监测数据还可以用于危害利益分析、补充医学纪录、流行病调查等用途。

18.2 辐射防护监测的分类

从监测目的上分，辐射防护监测可以分为：常规监测、与任务相关监测、特殊监测。

从监测对象来分，辐射防护监测可分为：个人监测、工作场所监测、环境监测和流出物监测。

18.3　工作场所监测

工作场所监测的目的是：确认工作环境的安全程度，及时发现辐射安全上的问题和隐患；鉴定操作程序及辐前防护大纲的效能是否符合规定要求；估计个人剂量可能的上限，为制订个人监测计划提供依据；为辐射防护管理提供依据，也可为医学诊断提供参考资料。

非事故状态下的工作场所监测可以分为常规监测、操作监测和特殊监测。常规监测适用于重复性操作，如果工作场所的辐射场不会轻易变化，那么此时的外照射常规监测频率每年 1～2 次。操作监测是为了特定操作任务而进行的监测。特殊监测是为阐明某一特殊问题而在一个有限期间所进行的一类监测。

工作场所的监测项目一般包括：外照射监测；表面污染监测；空气污染监测以及场所污染源监测、场所防护设施效能监测、场所辐射本底调查（或现状调查）。

工作场所监测的完整程序包括：制订监测计划、就地测量或取样测量、数据处理、评价测量结果、处理与保存监测记录。

在制定工作场所监测方案时，需要考虑的因素有：对易产生污染而具有代表性的区域、设备、工具等进行定期监测，及时提示污染程度；测量工作场所使用的仪器、通风柜、拖布、抹布、包装容器、墙壁和操作台等表面的污染程度；测定工作人员的个人防护用品衣、帽、手套和鞋等的放射性核素的活度。

工作场所监测的内容和频度应根据工作场所内辐射水平及其变化和潜在照射的可能性与大小来确定，一般应满足的要求有：能够评估所有工作场所的辐射状况；可以对工作人员受到的照射进行评价；能用于审查控制区和监督区的划分是否适当。

在工作场所监测过程中，选用辐射监测仪表时需要考虑的因素主要有：待测辐射的类型，如属于剂量、剂量率还是表面污染测量；仪器的能量响应；测量所需的灵敏度和量程；仪器响应的速度；对数/线性模拟刻度、数字显示及可用性；背光显示和/或音响输出；对环境温度、湿度、无线电频率及磁场的响应；处于爆炸/易燃环境的固有安全性及易于去污；电池可用性和使用寿命；尺寸、重量和便携性。

工作场所的辐射监测仪表，在使用前通常需要进行的检查有：仪表有效性检查，如使用状态标识、检定（校准）有效期等；外观及导线连接状态检查；开机状态检查，如显示、音响是否正常；工作参数检查，如工作电压、零位、菜单设置、探头漏光等；仪表稳定性检验，如参考或检查源读数等。

18.3.1　外照射的监测

18.3.1.1　外照射的监测目的包括

（1）检查场所外照射控制的效能；

（2）估计个人剂量可能的上限，为制订个人监测计划提供依据；

（3）鉴定操作程序的合理性，控制工作人员在场所内的活动空间与时间。

18.3.1.2　外照射的监测的方案

在进行外照射监测前，首先要制定一个监测方案，确定监测对象以及危害因素或可能的危害因素、明确为什么要监测和测量何种辐射量。然后，根据监测对象选择适当的监测方法和确定监测周期；最后，确立明确的监测质量保证制度。

总之，在制订外照射监测计划时，首先要根据工艺或操作的特点，分析辐射的来源和性质及其可能的变化，然后根据辐射防护要求，选择出易于解释和评价的辐射量进行测量。

制定工作场所的外照射监测方案时，需要考虑的因素有：（1）确定监测对象以及危害因素或可能的危害因素、明确为什么要监测和测量何种辐射量；（2）根据监测对象选择适当的监测方法和确定监测周期；（3）确立明确的监测质量保证制度。

对仪表的要求：应依据场所内存在的辐射类型、辐射水平与能量，选择监测仪表。用于现场监测的仪表，必须按规定进行检定。检定周期为一年。在使用前必须检验仪表的工作状态是否正常。同时，必须配有检验源，以便随时检查仪表是否处于正常工作状态。

开机待测辐射的能量与仪表刻度源能量差别较大，能量响应较差时、混合辐射场中测定某一种辐射时、测量低能γ辐射场时以及测量高能γ射线时，需要特别关注γ剂量率仪的能量响应问题，混合辐射场测量时，不需要特别关注γ剂量率仪的能量响应问题。

18.3.1.3　监测方法

工作场所的外照射监测一般采用固定式监测和移动式监测两种方法。移动式监测通常采用便携式监测仪表直接测量的方法，即各种剂量率监测仪表（如γ剂量率、中子剂量当量率仪等）直接测量出点位上的辐射水平瞬时值。在测量点上待仪表指示值稳定之后，按一定的时间间隔读取5～10次读数，取其平均值。

对辐射变化较大的工作场所，设置一个监测报警系统是十分必要的，它可以及时报警，使工作人员免遭大剂量照射。

18.3.1.4　监测设备

用于辐射监测的仪器，从测量方法上大体可以分为三种：瞬时剂量率测量仪器，累计剂量测量仪器，γ谱仪。用于瞬时剂量率测量的仪器有电离室、G-M计数管、闪烁剂量率仪等。测量累计剂量的仪器常采用NaI（Tl）、HPGe就地γ谱仪。

高气压电离室是测量γ辐射剂量率最常用的仪表，这类仪表由一个高压电离室探测器和电子线路组成。前者为一个充气高压（一般为22个大气压的氩气）的不锈钢球壳，中间密封一个电极。电子线路主要为MOSFET静电计、二次放大电路、高低压变换器以及读出线路。一般的电离室的灵敏度较差，但对γ射线的能量响应特性较好，电子线路简单，且结构结实。

闪烁剂量率仪表由闪烁探测器和电子线路组成。闪烁探测器由闪烁体、光电倍增管、前置放大器以及磁屏蔽外壳组成。电子线路主要包括静电计、高低压变换器以及读出表头等，较为先进的还带有微处理器与打印装置。目前常用的闪烁探测器为硫化锌补偿的塑料闪烁体、组织等效塑料闪烁体。闪烁剂量率仪的灵敏度高，能量响应好，质量轻，携带方便。

G-M计数管工作在G-M区（气体放大系数远大于1），内充的工作气体一般为惰性气体，此外还有猝灭气体。G-M计数管的β射线、γ射线能量响应特性差，灵敏度低，电子线路简单，易做小型的便携式仪表。

对于便携式监测仪表，打开开关后需要检查电池电量是否充足，仪表高压是否正常（说明书或检定证书中给定的范围）。目前，部分智能型仪表为了简化操作已不再设置电池电量和仪表高压的检查按钮，这类仪表通常在开机后进行自检，有的会在自检菜单中显示电池电量及高压数值。这时，需要对仪表的开机菜单进行观察，以便进行确认。另外，仪器开机后一般需要一定的预热时间，待仪器预热结束并进入正常监测状态后方可进行监测。关机时一般只需关闭开关按钮即可，严禁仪器在开机状态下连接或断开探头。

以某铀浓缩运行单位为例，简要介绍环境γ剂量率项目的监测方法。

18.3.1.5　γ辐射空气吸收剂量率监测

陆地γ辐射空气吸收剂量率的测量选用便携式X-γ剂量率仪。该仪器具有较高的灵敏度、合适的量程范围、良好的温度特性、角响应和能量响应（36 keV～3 MeV，相对响应之差（±15%，相对于 ^{137}Cs　γ辐射参考源）。测量仪器每年由国家计量部门检定一次。每年做一次宇宙射线测量，并定期在稳定辐射场内检查仪器的可靠性。对带有检验源的仪表每天使用前后用仪器所带的检验源检验其工作效率，效率变化在 15%以内的需作修正，大于 15%的停止使用。仪器测量前预热 15 min 以上，采用多次瞬时读数取平均值的方法，每个测点一般每次读 10 个数，每间隔 10 s 读一个数。

陆地γ辐射空气吸收剂量率测量规程规定：不在雨、雪天和雨后 6 h 之内进行测量。

陆地γ辐射空气吸收剂量率为现场实测值扣除仪器在该监测点对宇宙射线的响应和其本底之和。其计算公式为：

$$D_r = K_r[KR-(D_c+D_0)]$$

式中，D_r为陆地环境γ辐射空气吸收剂量率；R为测量时仪器的读数平均值；K为测量仪器效率的修正因子，$K=A_0/A$，A_0、A分别是刻度时和测量当天检验源的读数；D_c+D_0为仪器的宇宙射线响应及其仪器的本底之和；K_r为仪器的γ射线刻度因子。

为了准确扣除宇宙射线响应值，应使宇宙射线响应值监测点与现场监测点的地磁纬度、海拔高度尽量保持一致。

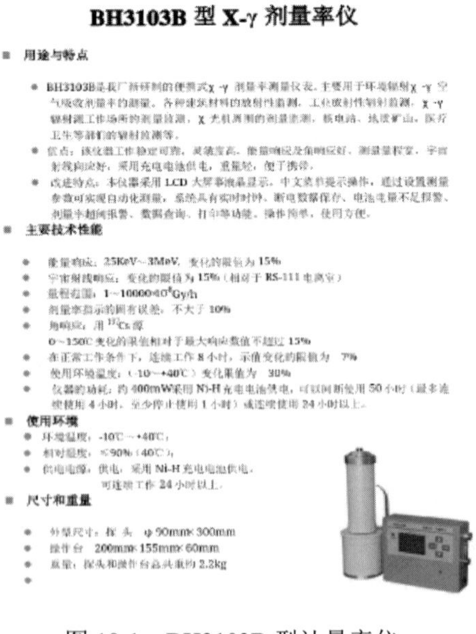
BH3103B 型 X-γ 剂量率仪

■ 用途与特点

- BH3103B是我厂新研制的便携式χ-γ 剂量率测量仪表。主要用于环境辐射χ-γ 空气吸收剂量率的测量、各种建筑材料的放射性监测、工业放射性辐射监测、χ-γ 辐射源工作场所的剂量监测、χ 光机房测的剂量监测，核电站、铀钍矿山、医疗卫生等部门的辐射监测等。
- 优点：该仪器工作稳定可靠，灵敏度高，能量响应及角响应好，测量量程宽，宇宙射线响应好，采用充电电池供电，重量轻，便于携带。
- 改进特点：本仪器采用 LCD 大屏幕液晶显示，中文菜单提示操作，通过设置测量参数可实现自动化测量，系统具有实时时钟、断电数据保存、电池电量不足报警、剂量率超阈报警、数据查询、打印等功能。操作简单，使用方便。

■ 主要技术性能

- 能量响应：25KeV～3MeV，变化的限值为 15%
- 宇宙射线响应：变化的限值为 15%（相对于 RS-111 电离室）
- 量程范围：1～10000×10⁻⁸Gy/h
- 剂量率指示的固有误差：不大于 10%
- 角响应：用 ¹³⁷Cs 源
  0～150℃ 变化的限值相对于最大响应数值不超过 15%
- 在正常工作条件下，连续工作 8 小时，示值变化的限值为　7%
- 使用环境温度：（-10～+40℃）变化限值为　30%
- 仪器的功耗：约 400mW采用 Ni-H 充电电池供电，可以间断使用 50 小时（最多连续使用 4 小时，至少停止使用 1 小时）或连续使用 24 小时以上。

■ 使用环境

- 环境温度：-10℃～+40℃；
- 相对湿度：≤90%（40℃）；
- 供电电源：供电：采用 Ni-H 充电电池供电，
  可连续工作 24 小时以上。

■ 尺寸和重量

- 外型尺寸：探 头　φ 90mm×300mm
- 操作台　200mm×155mm×60mm
- 重量：探头和操作台总共重约 2.2kg
-

图 18-1　BH3103B 型计量率仪

18.3.1.6　质量保证与质量控制

对于常规监测点位，要保证测点的可重现性。

使用的仪器应定期在稳定辐射场内检验仪器的可靠性。

投入使用的仪器一般每年检定一次，如检定证书有规定的，则按照检定证书规定的时间检定。

对环境地表γ辐射剂量率测定的总不确定度应不超过 20%。

18.3.2　工作场所空气污染监测

18.3.2.1　工作场所空气污染的监测目的

评价工作场所空气污染浓度水平；预防由于放射性气溶胶吸入所造成的内照射危险。为估算工作人员摄入量提供资料；及时发现异常或事故情况下的污染，以便及早报警，并对异常或事故进行分析，采取相应的对策；检验设备效能。在某些产品（如污染控制设备，即手套箱、工作密闭箱等）投产时期，鉴定工艺设计、工艺设备的性能或操作程序是否符合安全生产的要求。

18.3.2.2　监测方案

在制定监测方案时应侧重以下几点：

（1）选择性的布点进行定期监测，临时或少量使用放射性物质的作业场所也要监测。

（2）对大型的放射性操作单位，根据排出的放射性核素的种类、数量，对防护区内的空气进行定期监测（尤其是下风向），了解空气被污染的情况。

（3）对排风系统中的过滤装置前后的空气进行定期监测，检查过滤效率及向大气中排放的放射性浓度。

18.3.2.3　工作场所空气污染监测设备

（1）取样设备

取样设备可分为固定取样和流动取样设备，固定取样设备由固定滤纸的过滤器、浮子流量计（孔板流量计）、空气喷射泵（抽气泵）和连接管线组成。取样器的流量计应在标准温度和标准大气压下，经过标准仪器进行定期刻度。过滤器要求有足够的气密封，并能保持过滤介质（滤纸）密封和样品的完整。一旦发生事故时，空气取样应取适量分析用体积。空气样品的取样体积与取样目的、预计浓度和测量设备的探测下限有关。

（2）样品的测量设备

样品的测量设备通常是，微量铀分析仪、放射性气溶胶测量装置和低本底γ谱仪等。

（3）测量仪器的要求

仪器校准：所使用的仪器必须一年校准一次。校准条件应与测量条件相同，校准源选取与监测对象中的主要核素能量相同的标准源，为修正测量条件不稳定影响，最好每次测量前用同一标准源确定其探测效率。

以某铀浓缩运行单位为例，简要介绍工作场所空气污染项目的监测方法。

18.3.2.4　工作场所空气污染（U、F）监测

（1）样品采集

通过具有一定切割特性的采样器，使含有放射性气溶胶的空气通过某种过滤材料，以

恒速将放射性气溶胶过滤下来。采样器自动记录采样体积再利用温度、气压等气象参数将采样体积转化为标准状态下的体积。

（2）采样一般要求

根据《辐射工作场所空气取样的一般规定》（EJ/T 1036—1996）和《**工程最终安全分析报告》《**工程环境评价报告》的要求，执行工作场所中铀、氟含量的监测。

（3）采样设备

TH-150C 型智能中流量颗粒物采样器

TH-150系列智能中流量总悬浮微粒采样器

图 18-2　采样器

（4）滤膜的制备

1）铀滤膜的准备

将聚丙烯超细纤维膜或过氯乙烯树脂合成纤维滤布剪成直径 90 mm 的圆片。

每张滤膜在使用前均需进行检查，不得有针孔或任何缺陷。

将滤膜平展地放在滤膜保存盒中，采样前不得将滤膜弯曲或折叠。

2）氟滤膜的制备（浸渍滤膜）

将超细玻璃纤维膜剪成直径 90 mm 的圆片，用镊子夹住，依次分别在装有 0.1 mol/L 氢氧化钠溶液的两个烧杯中，各浸洗 2～3 s，取出沥干，除去本底氟。再在装有浸渍液的烧杯中浸渍 2～3 s，取出后沥干，摊放在一张大滤纸上，在烘箱中于 60～80 ℃烘干。

（5）铀滤膜样品处理

将取好的样品滤膜放入瓷坩埚中盖好盖子，放入马福炉内升温至 650 ℃，灼烧 0.5 h，冷却后取出坩埚，加入 3 mL 硝酸（4.2）和 2 滴 30%过氧化氢，在电炉上加热蒸干，取下坩埚，冷却后再加 3 mL 硝酸（4.2），蒸干，加入 6.0～7.0 mL 酸化水，加热溶解，然后转移到 25 mL 比色管内，坩埚再用去离子水洗涤 2～3 次，洗液并入比色管中，最后定容至刻度（样品溶液酸度最好控制在 pH＝3.0～4.0）。

（6）氟滤膜样品处理

采样后，将滤膜分别置于 50 mL 烧杯中，各烧杯中加入 10 mL 0.5 mol/L 盐酸，再加 20 mL 水，用玻璃棒将滤膜捣碎。再加入 2～3 滴溴甲酚绿指示剂，在继续搅拌下，用 6 mol/L 氢氧化钠溶液和 0.5 mol/L 盐酸溶液调节溶液呈蓝绿色（pH 约为 5.8）。再加入 10 mL 总离子强度缓冲液。再放入一根塑料套铁芯转子，分别置于磁力搅拌器上，搅拌 3～5 min，将滤膜打成浆状。

（7）样品测量

1）空气铀样品测量

方法依据：HJ840《环境样品中微量铀的分析方法》、GB 12379《环境核辐射监测规定》

方法原理：空气中的铀气溶胶和粉末被抽滤在滤膜上，滤膜经干法高温灰化后，用硝酸处理后，转化成溶液，溶液中的铀酰离子与荧光增强剂生成络合物，在紫外光照射下，发出荧光。用“标准加入法”直接测定铀含量。

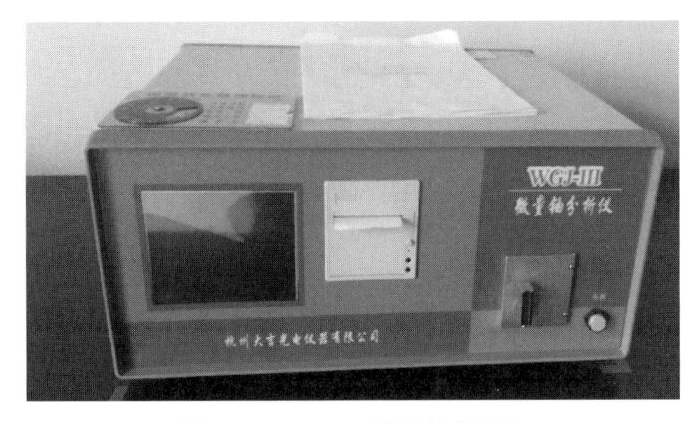

图 18-3　WGJ-Ⅲ微量铀分析仪

2）空气氟样品测量

方法依据：GBZ/T160.36　《工作场所空气有毒物质测定　氟化物》

方法原理：空气中氟化氢和氟化物用浸渍玻璃纤维滤纸采集，洗脱后，用离子选择电极测量氟离子的含量。

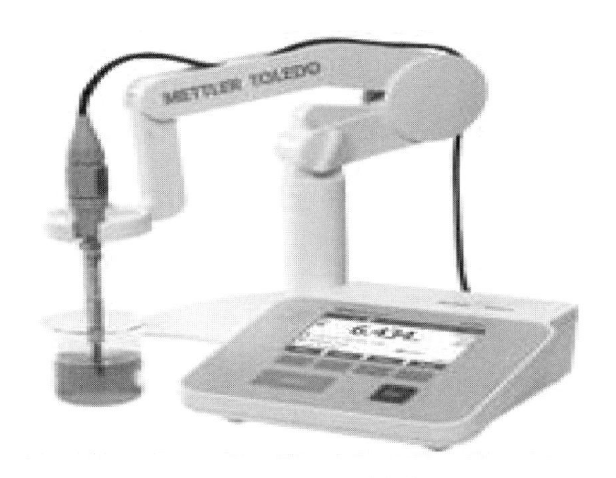

图 18-4　梅特勒-托利多离子计

18.3.3　表面污染监测

18.3.3.1　表面污染的监测目的和相关限值

α、β 表面污染测量的目的是：确定工作场所被测表面污染物的存在或扩展，并控制它由高污染区向低污染区或非污染区的转移；检查是否有违反相关的操作规程导致环境污染。

测定单位面积上的放射性活度，把表面污染限制在《电离辐射防护与辐射源安全基本标准》（GB 18871—2002）中规定的放射性物质表面污染控制水平以内，为制定个人和空气污染监测计划及修改操作规程提供资料。《电离辐射防护与辐射源安全基本标准》（GB 18871—2002）中规定的工作场所表面污染控制水平见下表 18-1。

表 18-1 工作场所的放射性表面污染控制水平 （单位：Bq/cm^2）

表面类型		α放射性物质		β放射性物质
		极毒性	其他	
工作台、设备、墙壁、地面	控制区[1]	4	4×10	4×10
	监督区	4×10^{-1}	4	4
工作服、手套、工作鞋	控制区 监督区	4×10^{-1}	4×10^{-1}	4
手、皮肤、内衣、工作袜		4×10^{-2}	4×10^{-2}	4×10^{-1}

1）该区内的高污染子区除外。

应用这些控制水平时应注意：

（1）表中所列数值系指表面上固定污染和松散污染的总数。

（2）手、皮肤、内衣、工作袜污染时，应及时清洗，尽可能清洗到本底水平。其他表面污染水平超过表中所列数值时，应采取去污措施。

（3）设备、墙壁、地面经采取适当的去污措施后，仍超过表中所列数值时，可视为固定污染，经审管部门或审管部门授权的部门检查同意，可适当放宽控制水平，但不得超过表中所列数值的 5 倍。

（4）β 粒子最大能量小于 0.3 MeV 的 β 放射性物质的表面污染控制水平，可为表中所列数值的 5 倍。

（5）^{227}Ac、^{210}Pb、^{228}Ra 等 β 放射性物质，按 α 放射性物质的表面污染控制水平执行。

（6）氚和氚化水的表面污染控制水平，可为表中所列数值的 10 倍。

（7）表面污染水平可按一定面积上的平均值计算：皮肤和工作服取 100 cm^2，设备取 100 cm^2，地面取 1 000 cm^2。工作场所中的某些设备与用品，经去污使其污染水平降低到上表中所列设备类的控制水平的五十分之一以下时，经审管部门或审管部门授权的部门确认同意后，可当作普通物品使用。

18.3.3.2 表面污染监测方案

在制定监测方案时应侧重以下几点：

（1）对易产生污染具有代表性的区域、设备、工具等进行定期监测，及时提示污染程度。

（2）测量工作场所使用的仪器、通风柜、拖布、抹布、包装容器、墙壁和操作台等表面的污染程度。

（3）测定工作人员的个人防护用品（如：衣、帽、手套和鞋等）的放射性核素的活度。

18.3.3.3 对监测仪表的要求

仪表特性和性能必须符合 GB/T 5202—2008《辐射防护仪器 α、β 和 α/β（β 能量>60 keV）污染测量仪与监测仪》的要求。用于现场监测的仪表，必须按规定进行检定，检定周期为一年。对闪烁型仪表或电池供电仪表，一旦发现其漏光或电池的电压低于仪表规定的警戒标记时，应立即停止使用并进行维修或更换电池。

18.3.3.4　表面污染的测量方法

表面污染可以通过直接和间接测量方法来测定，直接测量是采用表面污染测量仪和监测仪进行的，这类仪表测定可去除的与固定的污染之和。间接测定通常是采用擦拭法进行的，用擦拭法只能测定可去除的表面污染。

上述两种测量方法的适用性和可靠性主要依赖于某些特定的情况，也就是：污染物的物理和化学形态；污染物在表面上的粘着性能（固定的或可去除的）；以及对被测量表面是否可接近或是否存在干扰辐射场等。

当表面有非放射性液体或固态的沉淀物或有干扰辐射场存在时，直接测量可能是特别困难的或不可能的。特别是由于场所或相对位置的局限，使直接测量仪表不容易接近污染表面，或者是有干扰辐射场严重地影响污染监测仪的工作时，间接方法一般更为合适。但是，间接方法不能估计固定污染，又由于去除因子通常有较大的不确定性，故间接方法一般更多地用于可去除污染的探测。

由于直接方法和间接方法对测定表面污染均存在固有的缺陷，所以在很多情况下，两种方法都采用，以保证测量结果最好地满足测量目的。因为仪器效率随能量而变化，所以在测定具有各种能量的 β 污染时应该特别小心。对于显示表面放射性活度的仪器尤其应注意。对于低能 β 表面污染测量，如工作场所氚的表面污染监测可以采用氚表面污染仪进行直接测量，或者取擦拭样分析进行间接测量。

表面污染测量时，要特别注意保护探头上的铝箔探窗，如果铝箔被扎破或者有破损点，则仪器指数会由于铝箔漏光而上升，甚至仪器指针会指向最高量程。表面污染仪的本底是会发生变化的，要注意每次扣除本底值的不同。

对于外照射剂量率的监测，应视不同的监测任务而定。例如监测地表 γ 辐射剂量率时要求探头距地面的高度约为 1 m，而在放射性物质运输监测时，需要监测货包外表面及 1 m 处的辐射水平。

18.3.3.5　表面污染的直接测量

直接测量适用于被测表面较为平整、仪表探头容易接近和干扰辐射较小的实验室或区域，能测定可去除与固定污染之和。测量时，探头与被测表面的距离应与校准时的距离相一致，并避免探头与污染表面接触。测量 β 射线时，应注意被测射线的能力与校准时选用的 β 刻度源的区别。

探测器灵敏窗与待测表面的距离应保持在合理范围内：

对 α 辐射≤5 mm，推荐测量距离为 5 mm；

对 β 辐射≤20 mm，推荐测量距离为 10 mm。

探测器在被测表面的移动速度，应适应于仪表时间响应的要求，如测 α 时，移动速度≤15 cm・s^{-1}。被检查表面上固定和可去除的污染，即单位面积上的 β 或 α 放射性活度 A_s（Bq・cm^{-2}）与测量计数率的关系可由以下公式计算：

$$A_s = \frac{n - n_B}{\varepsilon_i \cdot W \cdot \varepsilon_s}$$

式中：n——测得的总计数率，s^{-1}；

n_B——本底计数率，s^{-1}；

W——测量仪表灵敏窗的面积，cm^2；

ε_i——对α或β辐射的平均效率；

ε_s——污染源的效率。

在缺少ε_s更确切的已知数值时，应采用下述保守但尚合理的ε_s值：对于 $E_{\beta max} \geqslant$ 0.4 MeV 的β发射体，$\varepsilon_s = 0.5$。对于 0.15 MeV$<E_{\beta max}<$0.4 MeV 的β发射体和α发射体，$\varepsilon_s = 0.25$。

18.3.3.6 间接测量——擦拭测量法

表面污染的间接测量最简单的方法是擦拭方法，擦拭法是用滤纸、棉球、棉纱织物等擦拭一定面的被测表面，再用通常的方法测量附着在擦拭材料上的放射性活度的一种方法。间接测量适用于不能直接测量的非固定性污染的待测表面，用擦拭法只能测定可去除的表面污染水平。

对平滑表面可选用化学分析用滤纸擦拭，对粗糙表面可用棉纱织物（必要时可用润擦拭剂润湿擦拭材料）擦拭，擦拭样品的面积应≤探测器灵敏窗面积，尽可能擦拭 100 cm^2 的被测面积。用手指或用一个能保持力量均匀和恒定的夹具进行擦拭，先横向擦一遍，后纵向复擦一遍，擦拭时使附着在擦拭材料上的污染尽可能呈均匀状。

被擦拭表面可去除污染的单位面积的β或α放射性活度 A_{sr} 以 $Bq \cdot cm^{-2}$ 表示，与测量的计数率的关系由以下公式给出：

$$A_{sr} = \frac{n - n_B}{\varepsilon_i \times F \times S \times \varepsilon_s}$$

式中：n——测量的总计数率，s^{-1}；

n_B——本底计数率，s^{-1}；

ε_i——对β或α辐射的仪器效率；

F——去除因子；

S——擦拭面积，cm^2；

ε_s——由擦拭样品表示的污染源效率。

在缺少ε_s更确切的已知数值时，应采用下述保守但尚合理的ε_s值：对于 $E_{\beta max} \geqslant$ 0.4 MeV 的β发射体：$\varepsilon_s = 0.5$。对于 0.15 MeV$<E_{\beta max}<$0.4 MeV 的β发射体和α发射体：$\varepsilon_s = 0.25$。

若无实验确定，去除因子可采用保守值，即取 $F = 0.1$，对于光滑金属等表面污染擦拭样品测量，去污因子实际上大于 0.1。

LB-124表面污染检测仪

图 18-5 污染检测仪

在干扰辐射较大的表面和区域，应选择擦拭法进行测量，可以排除干扰辐射造成的仪器示值的升高，如高活度货包表面污染的监测适用于间接测量法。

18.4　个人监测

利用工作人员佩戴的剂量计进行的监测，或对其体内及排泄物中的放射性种类和活度进行的监测称为个人监测。个人监测的目的是为估算工作人员主要受照组织的当量剂量和全身有效剂量。通过个人剂量监测数据可以及时了解辐射防护的效能和存在的问题，有利于主管部门指导辐射防护实践，同时也为改进操作程序和改善工作条件提供咨询，达到有效的控制工作人员剂量水平的目的。

个人剂量监测应制定监测程序，其内容应包括制定监测计划、选定监测方法、准备监测仪器、组织监测实施、剂量结果计算和评价、监测记录及其保存，以及监测组织过程中的质量保证措施等。

个人剂量监测按任务类型可分为常规监测，特殊监测，任务监测；按照射类型可分为外照射个人监测和内照射个人监测两类。

18.4.1　个人监测对象

根据国家标准 GB 18871—2002 的相关要求，对于任何在控制区工作的工作人员，或有时进入控制区工作并可能受到显著职业照射的工作人员，或其职业照射剂量可能大于 5 mSv/a 的工作人员，均应进行个人监测。

对在监督区或偶尔进入控制区的工作人员，如果预计其职业照射剂量在 1～5 mSv/a 范围内，则应尽可能进行个人监测。

18.4.2　外照射个人监测

18.4.2.1　监测的量

职业外照射个人剂量监测所要测量的量是个人剂量当量 H_p（d）。d 指人体表面指定点下面的深度。根据 d 取值的不同，H_p（d）可分成：

H_p（0.07），适用于体表下 0.07 mm 深处的器官或组织，多用于皮肤。

H_p（3），适用于体表下 3 mm 深处的器官或组织，多用于眼晶体。

H_p（10），适用于体表下 10 mm 深处的器官或组织，在特定条件下也适用于有效剂量评价。

18.4.2.2　监测类型

（1）　常规监测

常规监测是为确定工作条件是否适合于继续进行操作、在预定场所按预定监测周期所进行的一类监测。常规监测与连续操作有关，这类监测是要指明包括个人剂量水平和场所逗留满意度在内的工作条件，同时也是为了满足审管要求。

（2）监测周期

确定常规监测的周期应综合考虑放射工作人员的工作性质、所受剂量的大小、剂量变化程度及剂量计的性能等诸多因素。常规监测周期一般为 1 个月，也可视具体情况延长或缩短，但最长不得超过 3 个月。

（3）任务相关监测

任务相关监测是为用于特定操作提供有关操作和管理方面即时决策支持数据的一类监测。它也能证明操作是否处于最佳状态。

（4）特殊监测

特殊监测是为阐明某一特殊问题而在一个有限期间所进行的一类监测。特殊监测本质上是一种调查，常适用于有关工作场所安全是否得以有效控制的资料缺乏的场合。这类监测旨在提供为阐明任何问题以及界定未来程序的详细资料。

18.4.2.3 监测程序

（1）监测计划与方法制定，特别要规定监测的类型和范围。对于弱贯穿辐射（如 β 射线和低能 X 射线）不明显的强、弱贯穿辐射混合辐射场，一般可只监测 H_p（10）。

（2）监测仪器准备，包括仪器选择、调试、校准和维修。

（3）监测实施。

个人剂量计每三个月发放、回收、测量一次。

个人剂量计发放前按规定程序退火。对于 LiF（Mg，Cu，P）探测器。退火时间为 240 ℃，10 min。

个人剂量计发放前进行筛选，挑选分散性≤±5%的探测器进行使用。

18.4.2.4 监测设备

（1）个人剂量计

常用的个人剂量计包括热释光（TLD）剂量计、光致发光（OSL）剂量计和玻璃剂量计等，剂量计读出装置根据剂量计的不同而有所不同，如热释光剂量计测量仪和光致发光个人剂量测量系统等。

热释光剂量计常用的材料有 LiF（Mg，Cu，P）、LiF（Mg，Ti）M、$CaSO_4$：Tm 和 LiF（Mg，Ti），其中 LiF 和 $Li_2B_4O_7$ 剂量计能量响应好，但灵敏度不够高的是。光致发光（OSL）剂量计是可以重复测量的。

图 18-6 RGD-3A 型热释光测量仪

（2）测量仪器

热释光（TLD）、光致发光（OSL）以及光致荧光（RPL）是当前世界范围内较为常用的三种方法。

18.4.2.5 数据处理

每次读数都应该记录在规定的记录表内。每次测量之后及时处理所测的数据，发现数据异常，及时查找原因，确保测量值的准确性和代表性。

外照射个人剂量值由以下公式获得

$$H_p(10)=K(D_T-D_B)+B$$

式中，$H_p(10)$——全身近似外照射个人剂量，mSv；

K——外照射个人剂量系统校准曲线的斜率；

D_T——测量得出探测器计数，mSv；

D_B——测量得出本底探测器计数，mSv；

B——外照射个人剂量系统校准曲线截距。

18.4.2.6 剂量评价

（1）当放射工作人员的年受照剂量小于 5 mSv 时，只需记录个人监测的剂量结果。

（2）当放射工作人员的年受照剂量达到并超过 5 mSv 时，除应记录个人监测结果外，还应进一步进行调查。

（3）当放射工作人员的年受照剂量大于年限值 20 mSv 时，除应记录个人监测结果外，还应估算人员主要受照器官或组织的当量剂量。必要时，尚需估算人员的有效剂量，以进行安全评价，并查明原因，改进防护措施。

（4）职业照射的总剂量，包括在规定期间内职业外照射引起的剂量，以及在同一期间内因摄入放射性核素所致内照射的待积剂量之和。计算待积剂量的期限，对成年人的摄入一般应为 50 年，对儿童的摄入应算至 70 岁。

18.4.3 内照射个人监测

内照射个人监测是指对体内或排泄物中放射性核素的种类和活度，以及利用个人空气采样器对吸入放射性核素的种类和活度进行的测量及其对结果的解释。内照射个人监测可分为常规监测、特殊监测和任务相关监测。伤口监测和医学应急监测均属特殊监测。对于在辐射控制区内工作并可能有放射性核素摄入的职业人员，应进行常规监测；如有可能，对所有受到职业照射的人员均应进行监测，如果放射性核素年摄入量产生的待积有效剂量不可能超过 lmSv 时，可适当减少个人监测频度，但应进行工作场所监测。在个人剂量监测过程中，只有内照射剂量监测时，需要涉及到样品的采集。

由于体内污染一般都是在不注意的情况下发生的。因此测量时间一般并不是摄入时间，因此要由测量值 M 推导摄入量，必须使 M 再除以在摄入后时间 t 时仍留在体内，或已从体内排出的排出量占摄入量的份额 $m(t)$。知道了摄入量以后，再乘以相应的剂量转换因子，即可得到由摄入产生的内照射待积剂量，进行计量评价。

18.4.3.1 监测原则

对于在控制区内工作并可能有放射性核素显著摄入的工作人员，应进行常规个人监测；如有可能，对所有受到职业照射的人员均应进行个人监测，但如果经验证明，放射性核素年摄入量产生的待积有效剂量不可能超过 1 mSv 时，一般可不进行个人监测，但要进行工作场所监测。

18.4.3.2 监测方法

放射性核素的摄入量可通过直接法或间接法测定和采用摄入滞留函数或排泄滞留函数修正的方法来确定。

内照射个人监测的方法有：

（1）对沉积于全身或器官中的放射性核素所发射的γ或 X 射线（包括韧致辐射）的体外直接测量，简称活体测量；

（2）人体排泄物（如尿、粪便等）或其他生物样品（如血液、鼻涕、组织样品等）中放射性核素的分析，简称排泄物分析；

（3）空气样品中放射性核素的分析，简称空气采样分析。每一种测量方法应能对放射性核素定性、定量表述，依据测量结果可进行摄人量或待积有效剂量评价。选择何种测量方法，很大程度上取决于要测量的辐射类型。

以上所述每一种监测方法应能对放射性核素定性、定量，其测量结果可用摄入量或待积有效剂量。

表 18-2 全身和器官中 U 放射性核素的测量方法

放射性核素	测量方法	测量器官或样品	典型探测限
^{234}U、^{235}U、^{238}U	γ能谱法体内	肺（只是用于 ^{235}U）	200 Bq
	化学分离后 α 能谱法生物样品	尿	10 mBq · L^{-1}
		粪	10 mBq

18.4.3.3 生物样品分析的注意事项

（1）收集、储存、处理和分析尿样时应避免外来污染、交叉污染和待测核素的损失；

（2）对于大多数常规分析，应收集 24 h 尿，如收集不到 24 h 尿，应把尿量用肌酐量或其他量修正到 24 h 尿。

18.4.3.4 空气采样分析的注意事项

（1）应收集足够多的放射性物质，收集量的多少主要取决于能监测到的最低待积有效剂量的大小的要求；

（2）采样器应抽取足够体积的空气，以便对工作人员呼吸带空气活度浓度给出能满足统计学要求的数值；

（3）粒径对估算粒子在呼吸道的沉积及其剂量有显著影响，所以采样器的粒子采集特性应是已知的。实测确定吸入粒子大小的分布或对粒子大小分布作符合实际的假定。在没有关于粒子大小的专门资料的情况下，可假定活度中值空气动力学直径（AMAD）为 5 μm；

（4）采样位置应处于呼吸带内，采样速率最好能代表工作人员的典型吸气速率；

（5）应及时对滤膜上的放射性用非破坏性技术进行测量，以发现不正常的高水平照射。然后将滤膜保留下来，把较长时间积累的滤膜合并在一起，用放射化学分离提取方法和高灵敏度的测量技术进行测量。

18.5 工作场所监测的仪器和基本性能指标

18.5.1 X、γ辐射监测仪

用于辐射监测的仪器，从测量方法上大体可以分为三种：瞬时剂量率测量仪器，累计剂量测量仪器，γ谱仪。用于瞬时剂量率测量的仪器有电离室、G-M 计数管、闪烁剂量率仪等。测量累计剂量的仪器常采用 NaI（Tl）、HPGe 就地γ谱仪。

高气压电离室是测量γ辐射剂量率最常用的仪表，这类仪表由一个高压电离室探测器和电子线路组成。前者为一个充气高压（一般为 22 个大气压的氩气）的不锈钢球壳，中间密封一个电极。电子线路主要为 MOSFET 静电计、二次放大电路、高低压变换器以及读出线路。一般的电离室的灵敏度较差，但对γ射线的能量响应特性较好，电子线路简单，且结构结实。

闪烁剂量率仪表由闪烁探测器和电子线路组成。闪烁探测器由闪烁体、光电倍增管、前置放大器以及磁屏蔽外壳组成。电子线路主要包括静电计、高低压变换器以及读出表头等，较为先进的还带有微处理器与打印装置。目前常用的闪烁探测器为硫化锌补偿的塑料闪烁体、组织等效塑料闪烁体。闪烁剂量率仪的灵敏度高，能量响应好，质量轻，携带方便。

G-M 计数管工作在 G-M 区（气体放大系数远大于 1），内充的工作气体一般为惰性气体，此外还有猝灭气体。G-M 计数管的β射线、γ射线能量响应特性差，灵敏度低，电子线路简单，易做小型的便携式仪表。

对于便携式监测仪表，打开开关后需要检查电池电量是否充足，仪表高压是否正常（说明书或检定证书中给定的范围）。目前，部分智能型仪表为了简化操作已不再设置电池电量和仪表高压的检查按钮，这类仪表通常在开机后进行自检，有的会在自检菜单中显示电池电量及高压数值。这时，需要对仪表的开机菜单进行观察，以便进行确认。另外，仪器开机后一般需要一定的预热时间，待仪器预热结束并进入正常监测状态后方可进行监测。关机时一般只需关闭开关按钮即可，严禁仪器在开机状态下连接或断开探头。

18.5.2 α、β表面污染监测仪

α、β表面污染监测仪主要用于测量现场的设备、地面、台面、衣服和人体皮肤表面有无放射性污染。

当表面污染测量仪的探头置于被放射性核素污染的物体上时，放射性粒子穿过铝膜，在闪烁体内产生荧光，由光电倍增管将不同强度的荧光转变为不同幅度的电脉冲信号，通过电缆将脉冲信号送入仪器，进行计数。

仪器充分预热。

测量时，必须用所带的铁片放在探头前测量一次本底。仪器探头应尽量贴近被测物体表面。α 测量一般为 5 mm，β 测量一般为 10 mm，与仪器检定状态时状态相同。

当测量很低水平的表面污染时（$<0.37\ Bq/cm^2$）且测量面积较大时，应该缓慢地移动探头，在每一块测量区域上至少要停留 10 s 以上。

一般情况下，每个测点每次读 10 个数，每间隔 10 s 读一个数。

18.5.3 中子监测仪

中子与物质相互作用主要是通过弹性碰撞和核反应，形成直接电离的次级粒子。探测中子取决于产生这些粒子的中间过程。常借助 N-P 弹性散射探测中子，利用 ^{10}B（n、α）^{7}Li 反应和 ^{6}Li（n、^{3}H）^{4}He 反应探测快中子。这两种反应都具有不产生γ射线特点。内部充以 ^{3}He 和 BF_3 气体正比计数管和内部涂层为 ^{6}Li、^{7}Li、^{10}B 的正比计数管，可用来测量能量低于 0.5 eV 的慢中子，而内部充以含氢物质（如甲烷、聚乙烯）的计数管，可用于探测能量大于 100 keV 的快中子。

中子辐射监测比起γ辐射监测要复杂的多。一方面是中子辐射场大都伴随着γ辐射；另一方面，中子能量范围宽，不同能量的中子与机体有不同类型的作用，产生的次级辐射也不尽相同。即使吸收剂量相同，由于品质因数不同，剂量也不同，这就给评价测量结果带来很大困难。

18.5.4 就地 γ谱仪

就地γ谱仪中，HPGe 的优点是能量分辨率高，但探测效率低。NaI（Tl）探测器的计数率高，但能量分辨率差。该方法利用获得环境中各种放射性核素的γ谱，然后按总谱能量法计算人体所受的吸收剂量。其缺点是价格昂贵，运行的技术要求高。仪器的校准是为了保证仪器的正常工作和准确，校准内容包括能量响应、角响应、线性、仪器刻度系数等。仪器刻度通常有两种方法，一种是将所用的仪器与标准仪器比对，另一种是用已知辐射场或标准源进行校准。对于常规剂量测量，定期进行校准是非常必要的。

18.5.5 核临界报警仪（系统）

核临界报警系统是用于发现自持链式反应，对工作区域γ、中子辐射剂量进行监测，在发生临界事故时能准确、及时的给出发生放射性危险的事故信号（声光），以保证工作人员从厂房核危险地带疏散。

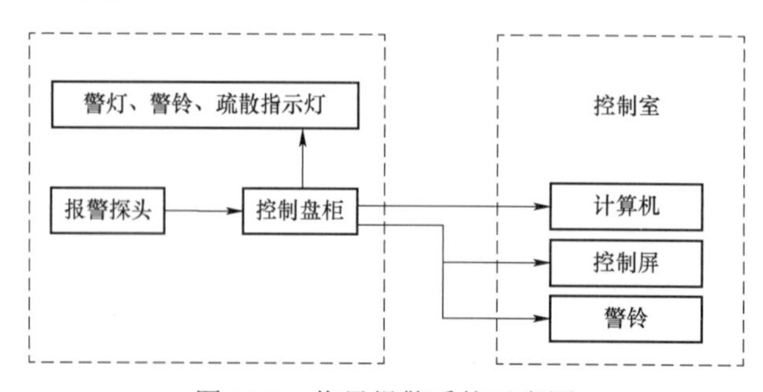

图 18-7 临界报警系统示意图

18.5.6　手脚污染测量仪

手脚污染测量仪设置在核设施放射性控制工作区域通道上，对来自控制区工作人员监测手部和脚底部位的表面污染水平。超过设定限值会指示污染部位并报警提醒，以便发现放射性污染和防止污染转移。

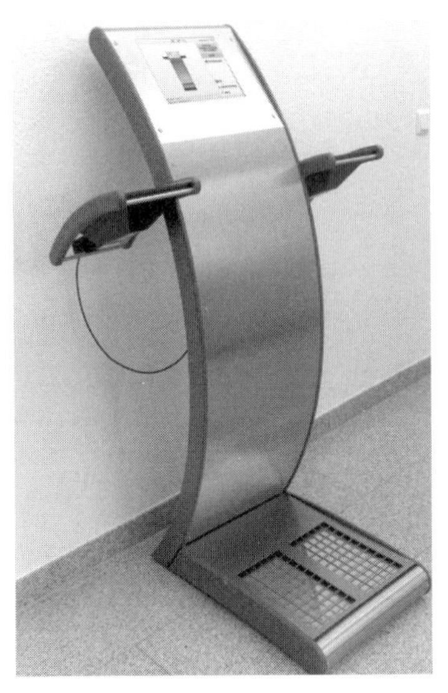

图 18-8　手脚污染测量仪

18.5.7　氟化氢报警仪

工作场所安装有用于空气中氟化氢浓度监测报警的氟化氢报警装置。对六氟化铀泄漏应急情况下进行氟浓度的测量，以估算放射性及有害物的环境影响。氟化氢报警装置由氟化氢检测器和报警控制单元组成，属电化学型有毒气体报警仪，空气中的氟化氢气体扩散进入氟化氢检测器，在检测器内部的感应电极表面发生氧化或还原反应，另一电极发生与之相对应的逆反应，在外部电路上形成电流，电流的大小与检测器外的氟化氢浓度成比例。

气体报警器系统示意图

(气体探测器连线示意图)

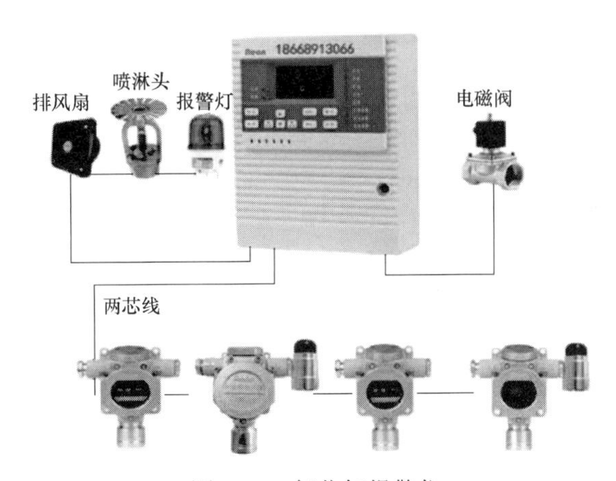

图 18-9　氟化氢报警仪

18.5.8　常见的工作场所监测仪器的性能指标

表 18-3　常见工作场所监测仪器性能指标

名称	型号	探测器	性能参数
γ剂量率仪	BH3103A	塑料闪烁体	0～100 μGy/h，36 keV～3 MeV
	FH40G-FHZ672E-10	闪烁体	FH40G（主机）量程范围 10 nGy·h^{-1}～0.99 Gy·h^{-1}，能量响应 36 keV～1.3 MeV；FHZ672E^{-10} 量程范围 1 nGy·h^{-1}～100 μGy·h^{-1}，能量响应 60 keV～3 MeV

续表

名称	型号	探测器	性能参数
γ剂量率仪	JW3104	塑料闪烁体	0～100 μGy/h，36 keV～3 MeV
	JB4000	NaI 闪烁体	0.05～200 μSv/h，50 V～1.2 MeV
	GH-102A	塑料闪烁体	0～100 μGy/h，30 keV～8 MeV
	FJ-347A	电离室	0～10^5 μGy/h，10 keV～10 MeV
	FJ-317D	GM 计数管	0～10^5 μGy/h，30 keV～2 MeV
表面污染仪	PCM5/1	闪烁体	$10^{-5}\times10^3$cps，α本底≤3 min^{-1}， 活度响应>4 $s^{-1}/Bq/cm^2$（^{239}Pu）； β本底≤4 min^{-1}，活度响应>4 $s^{-1}/Bq/cm^2$（^{204}Tl）
	XWY-1	闪烁体	0～10^3cps，α≥20%（^{239}Pu）；β≥20%（^{90}Sr+^{90}Y）
	BH3206	闪烁体	0～10^6cps，α≥30%（^{239}Pu）；β≥30%（^{90}Sr+^{90}Y）
	FJ-2207A	闪烁体	0～10^4 cps，α>7 cps/Bq/cm^2（^{239}Pu）； β >7 cps/Bq/cm^2（^{204}Tl）
就地γ谱仪	M1 GEM 40P-S	高纯锗	相对效率（1.33 MeV，^{60}CO）：40% 能量分辨率（1.33 MeV，^{60}CO）：1.85 keV
中子监测仪	FH40G-FHT762、RJ37-7105 等型号	BF_3 或 ^3He 正比管	至少满足：量程范围–0.025 eV～5 GeV； 测量范围：–10 nSv/h～100 m Sv/h，^{252}Cf； 灵敏度≥1 cps/（μSv/h），^{252}Cf
手脚沾污仪	HFC、WF-3002A、XH-3002 等型号	闪烁体、流气式正比计数管等	探测效率：手α≥25%，脚α≥38%（239 Pu）；β≥20%（$^{90}Sr+^{90}Y$）； 探测下限：α：0.04 Bq/cm^2，β：0.4 Bq/cm^2
核临界报警系统	К Р Г、BH3208 等型号	闪烁体、正比计数管	测量范围：30μR、100μR、1 000 μR； 0.1 μGy/h～25 Gy/h； 发出报警时间：小于 300 ms
氟化氢报警仪	TD500S-HF、SP-1003PIus 等型号	半导体等	测量范围：1～100 ppm

18.6 环境监测和流出物监测

根据监测的目的、任务的不同，可以把辐射环境监测分为以下几类。

根据监测的管理方式，辐射环境监测可以分为：监督性环境监测和排污（营运）单位监测。监督性监测由环境保护行政主管部门或所授权的单位负责进行，也称环境质量监测。其主要任务是：对所监督地域的环境辐射主体质量进行监测，为公众提供安全信息；监测污染源的排放量；检查排污单位的监测工作及其效能。排污（营运）单位的辐射环境监测是指围绕设施的周围环境，由排污（营运）单位所进行的辐射环境监测，其主要任务是监测本单位的运行和排放对周围环境所造成的可能影响。

根据设施（或活动）的运行状态，辐射环境监测分为：常规监测和事故应急监测。

根据设施运行阶段，辐射环境监测分为：运行前辐射环境本底调查、运行期间辐射环境监测和退役后环境监测。

18.6.1　环境监测

近年来，随着核能的发展，公众的环境参与意识不断提高，辐射环境监测的内容和要求不断提高。我国 2001 年颁布了环境保护行业标准《辐射环境监测技术规范》，对环境质量监测、辐射污染监测、辐射设施退役、废物处理、辐射事故应急等监测项目、监测布点、采样方法、数据处理、质量保证等做明确的规定。

18.6.1.1　环境监测的目的

（1）核设施正常运行时，对周围居民产生的照射和潜在照射进行评价，或者估算这种照射可能达到的上限；

（2）核设施发生事故时，要尽快监测，为评价事故后果和应急措施决策提供依据；

（3）改善与公众关系，使公众感到生活在该环境是很安全的。

以某铀浓缩运行工厂为例，简要介绍环境监测介质和内容。

18.6.1.2　监测介质

（1）生物介质包括大米、小麦、茄子、萝卜等；

（2）土壤介质包括厂区周边土壤、河底泥、沉降灰等；

（3）水介质包括工业下水、生活饮用水、自来水、生活污水、河水等；

（4）空气介质包括厂区周边空气、生活区空气。

18.6.1.3　监测内容

（1）铀浓度；

（2）氟浓度；

（3）总放射性浓度；

（4）COD、微生物、浊度等；

（5）噪声、γ辐射水平。

18.6.2　流出物监测

核设施在运行过程中，通过烟囱排出的气载放射性污物流，或通过管道、水渠排入污水接纳体的液态放射性污物流称为放射性流出物。为了控制和评价核设施放射性流出物对周围环境和居民产生的辐射影响，通过对流出物进行采样、分析或测量以弄清楚流出物特征而进行的监视性测量，称为放射性流出物监测。

加强流出物监测具有特殊的重要性，首先，流出物监测可以以较高的准确度来鉴别和确定释入环境的放射性核素的组成和量。其次，由于流出物与设施运行的归属关系十分清楚，因此进行流出物监测十分有利于对污染源的控制和评价。流出物监测和环境监测两者应该相互补充。

以某铀浓缩运行单位为例，简要介绍流出物监测介质和内容。

18.6.2.1　气载流出物

（1）局排取样监测示意图

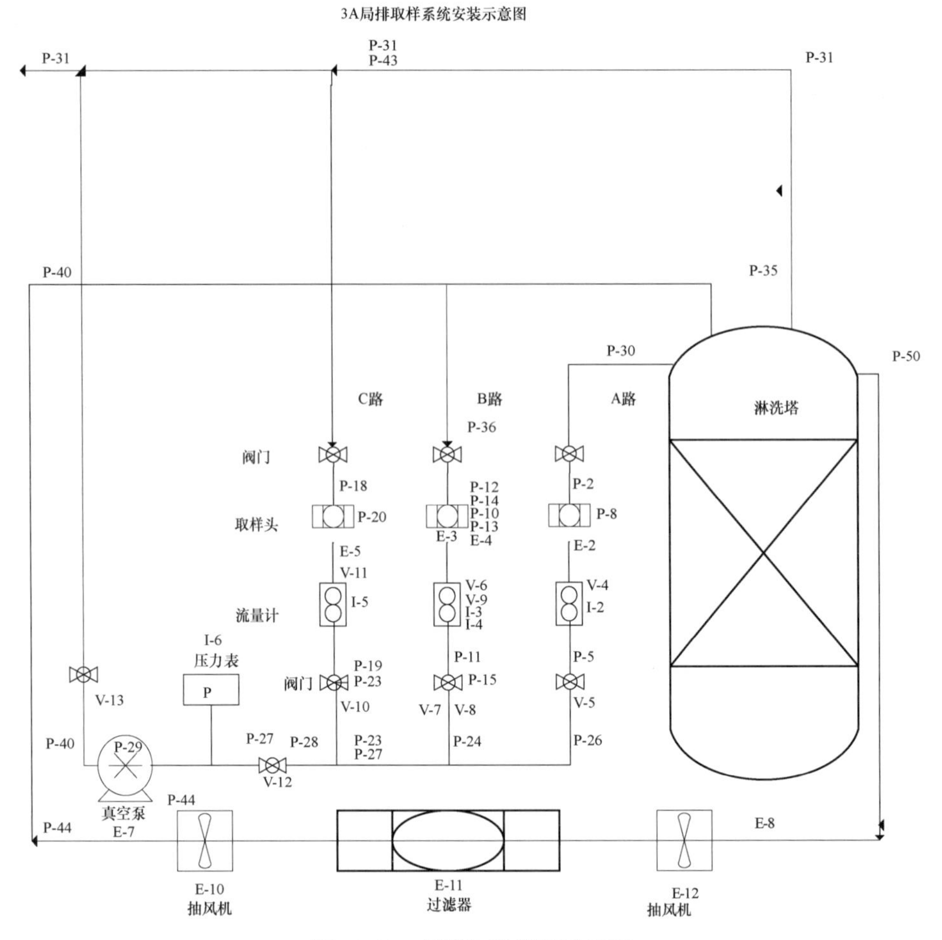

图 18-10　局排取样监测示意图

（2）采样累计体积

局排气载流出物中铀含量的监测要求采样累计体积为（3.0±0.1）m^3。

局排气载流出物中氟含量的监测要求采样累计体积为（2.4±0.1）m^3。

（3）采样频率与周期

局排取样系统 A、B、C 三路采样频次与周期按照年度公司监测计划的要求执行。

（4）分析过程

分析过程同工作场所空气污染监测。

18.6.2.2　液态流出物监测

液态流出物的监测采用取样分析。只有经过测定符合标准后才容许排入环境。测量项目包括铀浓度、氟浓度、总 α 比活度、总 β 比活度。

（1）水铀样品测量

方法依据：HJ 840《环境样品中微量铀的分析方法》。

方法原理：利用直接向水样中添加荧光增强剂，使之与水样中铀酰离子生成一种稳定的络合物，在脉冲光源辐射（波长 337 nm）激发下产生强烈荧光，并且铀浓度在一定范围时，荧光强度与水样中铀的浓度成正比，采用标准加入法定量的测定铀。

（2）水氟样品测量

方法依据：HJ 873《土壤 水溶性化合物和总氟化物的测定 离子选择电极法》。

方法原理：当参比电极与氟电极放入被测溶液中时，组成一测量电池，该电池的电动势（E）随溶液中氟离子活度的变化而改变遵守能斯特方程式。在控制溶液总离子强度下，其电位值（E）与溶液中氟离子浓度的负对数呈线性关系，可直接测得溶液中氟离子含量。

（3）水总 α、总 β 测量

方法依据：HJ 898—2017《水质　总 α 放射性测定 厚源法》；HJ 899—2017《水质　总 β 放射性测定 厚源法》。

方法原理：缓慢将待测样品蒸发浓缩，转化成硫酸盐后蒸发至干，然后置于马弗炉内得到固体残渣。准确称取不少于"最小取样量"的残渣于测量盘内均匀铺平，置于低本底 α、β 测量仪上测量总 α 计数率，以计算样品中总 α 的放射性活度浓度。

测量方法：水样品总 α、总 β 放射性分析测量，同沉降物总 α、总 β 放射性测量方法，采用蒸干加灼烧制样测量法。样品铺在直径 20 mm 不锈钢测量盘中，用低本底 α、β 计数装置测量样品计数。样品测量时间为 1 000 min。

使用厚源法测总 α、总 β 时，其样品盘的厚度不小于 250 mg/cm^2，粉末质量一般为 100 mg。

18.6.3　环境监测的仪器

环境监测中，实验室所用的放射性分析仪器有 α 计数器，常用的有 ZnS（Ag）闪烁计数器、高纯锗探测器、液体闪烁计数器，α、β 低本底测量装置，低本底 γ 谱仪等。

18.6.3.1　环境监测仪器的选择

可根据测定射线的能量、放射性活度和剂量强度等方面的因素来选择测量仪器，例如对大部分 γ 放射性核素可用低本底 γ 能谱仪测量；对 α 放射性核素可用低本底 α 测量装置测量；用液体闪烁计数器测低能 β；对环境外照射测量可用就地 γ 谱仪或者剂量率仪直接测量；对地表面污染可采用表面污染仪直接测量。

18.6.3.2　根据监测的辐射类型和核素种类

常见辐射监测仪器以及对应的监测方法见表 18-4。

表 18-4　常见的辐射监测仪器和监测方法

项目	监测对象	分析方法	测量仪器
总β	气溶胶 沉降物 水 土壤	水中总β放射性测定蒸发法	低本底α、β测量装置（如 MPC 9604 和 LB770 等型号）

续表

项目	监测对象	分析方法	测量仪器
总α	气溶胶 沉降物 水 土壤	水中总α放射性浓度的测定厚样法	低本底α、β测量装置（如 MPC 9604 和 LB 770 等型号）
U	水	微量铀分析方法	激光铀分析仪（WGJ-Ⅱ等型号）
γ核素	土壤	γ能谱分析方法	低本底γ谱仪（ADCAM 100 等型号）
	气溶胶	γ能谱分析方法	
	生物 沉降物	γ能谱分析方法	
γ辐射剂量率	空气	环境地表γ辐射剂量率测定	便携式 X-γ剂量率仪（FH40G+FHZ672E-10 等型号）
累积剂量率	空气	个人和环境监测用热释光剂量测量	TLD 测量仪（Harshaw 4000 等型号）

18.7　应急监测和评价

应急辐射监测的基本目的是为了尽可能及时提供有关事故可能带来辐射影响大小的测量数据，以便为事故后果评价和防护行动决策提供技术依据。展开讲就是为事故分级提供信息；提供有关事故所造成的辐射与污染水平、范围、持续时间等数据，以便为决策者根据操作干预水平（OILs）采取防护行动和进行干预提供帮助；为应急工作人员防护提供信息；验证补救措施（如去污程序）的效能，为防止污染扩散提供支持。

常用的应急辐射监测系统与设备包括：监测站网、航空测量系统、移动实验室、分析测量实验室、伽马谱仪等。

应急辐射监测中航空污染测量通常使用的仪器有碘化钠探测器和高纯锗探测器。

在辐射应急监测中，碘化钠闪烁体探测器可用于γ放射性核素识别。

应急监测所使用的伽马谱仪分为实验室伽马谱仪、就地伽马谱仪、在线伽马谱仪。

应急辐射监测随事故类型、事故级别及事故阶段等因素不同而不同。

对小规模事故而言，应急辐射监测的主要任务是包括：

（1）及早判断放射性物质是否已经泄漏，放射源是否丢失；

（2）确定地表和空气的污染水平和范围，为污染区的划分提供依据；

（3）测量相关人员的污染和可能受照程度，为必要的医疗救治提供资料；

（4）配合补救措施所需的辐射监测。

对中到大规模事故而言，早期进行应急监测的主要任务是尽可能多地获取烟羽特性（方向、高度、放射性浓度和核素组成等随时间和空间的变化）；来自烟羽和地面的β-γ和γ外照射剂量率；空气中放射性气体、易挥发污染物和微尘的浓度，以及其中主要的放射性核素组成。后期进行应急监测的任务是地表污染监测、食入途径（包括土壤）监测、$\beta-\gamma$剂量监测和空气污染监测。

以某铀浓运行单位为例，简要介绍列举六氟化铀泄漏事故和核临界事故时的应急监测方案。以便于在发生核事故时有序地开展监测评价工作。

18.7.1　应急计划与准备

18.7.1.1　假定的事故类型

核燃料铀浓缩生产中可能发生的辐射剂量事故主要有下列几种。

（1）UF_6 泄漏事故

环境影响及后果：

1）在液化均质系统 UF_6 泄漏事故情况下，事故所致最大个人有效剂量出现在 0～1 km 区域内，成人组个人有效剂量为 3.82×10^{-3} Sv，小于本工程事故工况下公众个人有效剂量控制值（5×10^{-3} Sv）。主要照射途径为吸入内照射。主要的影响核素是 ^{234}U，占最大个人有效剂量的 89.6%。

2）非放气载流出物对环境的影响

UF_6 发生泄漏事故情况下，假设 UF_6 进入环境后全部与水蒸气发生反应，则事故发生到局部排风关闭的 1 min 之内，排入环境的 UO_2F_2 为 1.41 kg、HF 为 0.37 kg，持续时间为 1 min；后续处理过程中通过局部排风排入环境的 UO_2F_2 为 5.67 kg、HF 为 1.47 kg，持续时间为 20 min；整个事故过程中，保守假设通过厂房密封门和局部排风释放到外环境的放射性物质均由厂房密封门释放，排入环境的 UO_2F_2 为 2.23 kg、HF 为 0.58 kg，持续时间为 24 h。

在最不利气象条件下，泄漏事故工况下 UO_2F_2 其最大浓度 1.02 mg/m^3（400 m）大于其对应的 PAC 1 级限值（0.78 mg/m^3），小于其对应的 PAC 2 级限值（2.5 mg/m^3），会对人体健康产生轻微的、短暂的影响，但不会对厂址周边公众健康产生不可逆的或影响人员采取防护措施的其他严重健康影响。其浓度到 500 m 处已小于其 PAC 1 级限值。其他情况下，UO_2F_2 的最大浓度均小于其对应的 PAC 1 级限值。

（2）临界事故

铀浓缩工厂除了废水处理系统外，其他系统的易裂变物质都不可能与水等含氢介质接触，只有在含铀废水处理厂房的某些岗位，当工艺条件和设备运行状况发生严重偏离临界安全条件，或发生了危及临界安全的事件，可能导致发生临界事故。

假设含铀废水厂房的溶液处理系统发生临界事故，从临界事故发生开始时，每 10 min 发生一个裂变脉冲，每年裂变脉冲的持续时间为 0.5 s，核临界事故持续 8 h，第一个裂变脉冲的裂变次数为 1×10^{17}，其余 47 个脉冲的裂变次数为 1.9×10^{16}，总裂变次数为 1×10^{18}，事故因吸附塔内废水全部蒸发而终止。

1）相关核临界知识

公司保证核临界安全的常用控制方式为：

① 几何控制，即控制工艺设备、容器的几何尺寸（体积）和形状，也称几何安全。

② 质量控制，及限制设备和系统易裂变材料的质量。

③ 浓度控制，及限制溶液中易裂变材料的质量浓度。

④ 富集度控制，及按照 ^{235}U 富集度的不同分别制定核临界安全限制。

⑤ 慢化控制，即限制可能进入含铀物料的含氢慢化剂的物质量。

2）临界安全管理限制

低富集度铀均匀 UO_2F_2 水溶液系统的次临界限值。

保证均匀水溶液的前提下，即保持水溶液的浓度值不超过饱和浓度值 5 mol/L 时，同时控制 ^{235}U 富集度和表中的一个参数，即可保证临界安全。

18.7.1.2 应急状态分级

（1）应急待命

随着情况的不断变化（如少量 UF_6 泄漏发展到大量 UF_6 泄漏时）达到厂房（或场区）应急水平时，应急待命升级为厂房（或场区）应急，按相应应急等级进行处理。

（2）厂房应急

1）供取料厂房供取料容器供取料管道或阀门破裂，UF_6 泄漏持续 5 min 以上，现场运行人员仍无法控制；

2）液化均质配料厂房产品容器、取样器连接处发生 UF_6 泄漏，持续 5 min 以上，现场运行人员仍无法控制；

3）50 L 容器持续泄漏在 5 min 以上。

（3）场区应急

场区应急对应于自然灾害和超临界事故，辐射及化学危害仅限于场区内及场区边界附近，不会对场外构成威胁。

1）含铀废水处理厂房临界报警仪的有效读数超过报警阈值 10 mGy/h，临界报警器、电铃、警示灯发出信号。

2）级联大厅临界报警仪的有效读数超过报警阈值 10 mGy/h，现场和中央控制室临界报警器、电铃、警示灯发出信号。

※监测评价组根据监测结果划定污染区域。

18.7.2 监测原则

应急环境监测主要从以下几个方面进行：

（1）进行流出物监测，通过监测局排出口废气和排放废水中铀、氟估算放射性及有害物排放量；

（2）环境空气中铀、氟浓度的测量，以估算放射性及有害物的环境影响；

（3）γ剂量率的测量，估算场区工作人员可能受到的辐射照射剂量。

18.7.3 应急监测职责及应急程序

18.7.3.1 监测与评价组

承担发生六氟化铀泄露、核临界等核事故后工作场所、人员以及厂区周边环境的监测评价任务。

18.7.3.2 应急监测与评价组组长（副组长）

（1）确保人员，仪器设备，材料，车辆等资源满足监测工作需要；

（2）组织本组成员进行技术培训以保证所有成员有能力完成相应的应急监测工作；

（3）接受应急指挥部及现场指挥的指令，组织本组人员开展监测工作，向指挥部报告监测结果；

（4）对本组监测、评价结果的准确性和及时性负责。

18.7.3.3　监测与评价组成员

（1）承担现场采样、测量、分析及评价工作；

（2）接受本组组长（或副组长）的指令，按要求到达现场并完成监测工作；

（3）掌握应急监测、评价有关的标准或规范；

（4）掌握应急监测所用仪器设备使用和常见故障的处理；

（5）采样和测量记录内容完整、字迹清晰；

（6）服从现场指挥的命令，遵守安全规定；

（7）对承担的监测工作的质量和及时性负责。

18.7.4　应急监测与评价实施程序

18.7.4.1　应急启动

应急监测与评价组在接到应急指挥部进入应急状态（包括应急待命）的指令后，组长立即组织本组成员进入各自岗位，启动应急监测。应急监测与评价组成员立即携带监测设备、工具等前往监测地点，应急监测与评价组成员到达现场后应向现场总指挥报道，按照现场指挥的安排和应急监测规程开展工作。

应急启动通知顺序如下：

应急监测与评价组组长→应急监测与评价组副组长→应急监测与评价组成员。

要求所有信息（包括应急监测响应指令的时间、事故地点、事故性质以及传达的其他信息）如实记录。

18.7.4.2　应急监测

（1）核临界事故应急监测

在接到应急指挥部传达的进入应急状态的指令后，应急监测与评价组立即派应急监测人员携带γ剂量率仪由远到近测量事故周围的γ照射量率，巡测到辐射强度为 0.2～1 mGy/h 区域，做好记录。根据测量结果确定高辐射区，向应急指挥部报告，以便实施区域封闭。

设法远程收集现场临界报警仪数据，实时掌握事故现场的辐射剂量水平。若有发生临界当时的数据，据此估算不同距离人员所受的剂量。若有必要，参考《最终安全分析报告》中的假想临界事故分析进行必要的事故后果评估。

将发生核临界事故的初步情况电话报告事故应急指挥部。

对出于特殊原因需进入划定的高辐射区的人员发放报警式个人剂量计；对撤出高辐射区的人员进行个人体表污染监测，逐个做好记录。

指挥大厅评价人员向应急指挥部报告初步评价结果，以便指挥部确定是否开始恢复行动，直至接到指挥部终止的指令。

接到指挥部恢复行动的指令后，本组继续监测，并指导恢复行动。

（2）UF_6 泄漏事故应急监测

在接到应急指挥部的进入应急状态（包括应急待命状态）的指令后，应急监测与评价组立即组织本组成员进入各自岗位，启动应急监测。

气象检测员向应急监测与评价组组长报告风向、风速的观测结果；由组长汇报指挥部。

外环境监测人员根据风向报告，携带采样设备和个人防护用品前往预定的取样点并开始取样。如遇雨天，外环境监测人员须要随时注意气象观测数据的收集和变化，同时做好采样设备的防护，随时调整采样方式，同时对滤膜样品的取放要采取措施，确保滤膜样品不受浸湿和污染，以保证采集到的样品具有代表性。留在实验室的应急监测与评价组成员做好样品分析前各项准备工作，接到样品后马上开展分析工作，及时上报分析结果。

应急监测与评价组人员向事故岗位操作人员和事故抢险人员发放尿样取样桶，收集事故岗位操作人员和事故抢险人员连续 24 h 尿样，在尿样送回后 24 h 内给出分析结果。

对撤出现场的抢险人员，在其淋浴后须进行个人体表 α 表面污染测量，体表 α 表面活度大于 0.04 Bq/cm^2 应重新淋浴直至合格。每一次的个人体表 α 表面污染测量结果均作记录。

应急监测与评价组组长需及时把流出物及环境监测结果与事故现场和人员监测结果汇报给应急指挥部。

评价人员使用事故后果评价软件，结合外环境监测结果对环境和公众影响进行评价。主要方法为依据流出物监测结果，计算出 UF_6 排放活度和排放量，输入气象监测数据，以及其他软件内置基础参数，评价事故对厂址周边造成的影响。

在应急终止后，应急指挥部将根据现场污染及环境后果等情况，确定是否开展回复行动。在接到应急指挥部恢复行动的指令后，监测与评价组继续开展恢复阶段的监测，以指导事故单位的恢复行动。

18.7.5　应急监测的质量保证

在应急状态下，监测人员可以向铀浓缩运行单位内相关方报告监测结果而不经部门审核批准等步骤，除此以外的其他监测过程执行质量体系文件的规定。向外部相关方的数据通报执行应急指挥部应急通告相关规定，需应急总指挥批准。

18.8　常见的辐射探测器

从原理上说，能与辐射发生相互作用的各种材料都可以被用来做成探测器。目前，多数探测器是根据射线使物质的原子或分子电离或激发的原理制成的。它把射线的能量转变为电流、电压的信号，并提供给后面的信号处理电路进行处理和记录。

18.8.1　电离辐射探测方法

根据探测器工作介质以及发生效应的不同，探测器可分为气体电离探测器、闪烁探测器和半导体探测器等几种类型。气体电离探测器是利用射线在气体介质中产生的电离效应，闪烁探测器是利用射线在闪烁物质中产生的发光效应，半导体探测器是利用射线在半导体中产生的电子和空穴。

18.8.2　气体探测器

气体探测器是早期应用最广的探测器，主要包括电离室、正比计数器和盖革—弥勒（G-M）计数器等。它们具有结构简单、性能稳定、价格低廉、适用温度范围宽等优点，至今仍被广泛应用。

气体探测器共同的特点是首先使辐射与探测器内的工作气体发生电离，然后收集所产生的电荷，达到记录射线的目的。

18.8.2.1　电离室

电离室有两种类型。一种是记录单个辐射粒子的脉冲电离室，主要用于测量重带电离子的能量和强度。按输出回路的参量，脉冲电离室又可分为离子脉冲电离室和电子脉冲电离室。另一种是记录大量辐射粒子平均效应的电流电离室和累计效应的累计电离室，主要用于测量 X，γ和 β 粒子的强度或通量、剂量或剂量率。它是剂量监测和反应堆控制的主要传感元件。电离室探测器不能用于γ能谱的测量。

18.8.2.2　正比计数器

气体探测器工作于正比区时，在离子收集的过程中将出现气体放大现象，即被加速的原电离电子在电离碰撞中逐次倍增而形成电子的雪崩。于是在收集电极上感生的脉冲幅度 V_{∞}将是原电离感生的脉冲幅的 M 倍，即

$$V_{\infty} = -\frac{MN_{\mathrm{e}}}{C_0} \tag{18-1}$$

常数 M 称为气体放大系数，N 为原电离离子对数，C_0 为 K，N 为两电极间的电容，e 为电位电荷，负号表示负极性脉冲。处于这种工作状态下的气体探测器就是正比计数器。

与电离室相比，正比计数器有如下优点：

脉冲幅度较大：约比电离室脉冲大 10^2～10^4 倍，因此不必用高增益的放大器。

灵敏度较高：对于电离室，原电离数目必须大于 2 000 对左右才能分辨出来，而正比计数器原则上只要有一对离子就可被分辨。因此，正比计数器适合于探测低能或低比电离的粒子，如 β、γ和 X 射线以及高能快速粒子等，探测下限可达 250 eV。

脉冲幅度几乎与原电离的地点无关。

18.8.2.3　G – M 计数器

与正比计数管相比，G-M 计数管的工作电压足够高，可使工作气体实现自持放电。入射粒子只要在探测器内产生一对以上的电子和正离子就能使放电持续下去。这种探测器由盖革（Geiger）和弥勒（Millier）发明，所以又称为 G-M 计数管。

18.8.3　闪烁探测器

18.8.3.1　液体闪烁探测器

液体闪烁的基本过程为：放射性核素在包含溶剂和受激荧光源（闪烁体）的液闪混合液中耗散其衰变能（如 β 粒子能量）。芳香环的溶剂吸收大部分 β 粒子的能量，受激溶剂

分子的能量随后传递给闪烁体分子，闪烁体分子再退激发射可见光光子，光子被光电倍增管探测后，被转换为电子流，电子流被放大为电流脉冲被记录。液体闪烁过程通常伴随有化学淬灭和颜色淬灭。

液体闪烁探测技术的优点有：对低能辐射体有较高的探测效率；适合少量溶液的测量；容易实现数据分析自动化，对低浓度敏感，可以测量低活度样品。

发射低能纯 β 射线的 ^{3}H 和 ^{14}C 等放射性核素只能用液体闪烁体进行探测。在液体闪烁探测中，待测样品一般为样品和闪烁液的混合体系，而闪烁液的主要成分包括溶剂和闪烁体，常见的闪烁体有：PPO 2，5-二苯基恶唑、PBD 2-苯基-5-（4′-联苯基）-1，3，4-恶二唑、POPOP 1，4-双［2′-（5′-苯基恶唑）］、NPO 2-（1′-萘基）-5-苯基 α 恶唑和 PBBO 2-（4′-联苯基）-6-苯基-苯恶唑。

18.8.3.2 固体闪烁探测器

固体闪烁的基本过程为：电离辐射（如 α 粒子、β 粒子、重带电粒子、X 或 γ 射线）被某些无机或有机晶体材料吸收，导致固体吸收材料中发射出可见的闪光。非直接电离的中子辐射也能在特定的固体闪烁体中产生闪烁，从而用来测量和探测中子。

固体闪烁探测器通常由闪烁体、光电倍增管、多道分析器（测量 γ 能谱时）和相应的信号处理电路组成。其中，闪烁体分为无机闪烁体和有机闪烁体。无机闪烁体是在某些无机盐晶体中掺入少量激活剂制成。常用的无机闪烁体有以铊（Tl）做激活剂的碘化钠 NaI（Tl）、碘化铯 CsI（Tl），以银做激活剂的 ZnS（Ag）。有机闪烁体大部分是芳香族碳氢化合物，如蒽（C14 H10）、萘（C10H8）和塑料等。固体闪烁体中，NaI 和 $LaBr_3$ 可用于制作 γ 谱仪。常用的固体闪烁体种类有 NaI（Tl）晶体、$LaBr_3$、CsI（Tl）晶体、ZnS（Ag）闪烁体、BGO 晶体、锂玻璃闪烁体、有机晶体蒽和芪、塑料闪烁体等。

18.8.3.3 流动闪烁分析

流动闪烁分析（FSA）是指在流动系统中放射性定量分析的闪烁测量方法的应用，该技术最常应用于高效液相色谱（HPLC）流出液的放射性测量。典型的 FSA 分析仪的构成组件包括：HPLC 流出液导出管道，闪烁流动池（置于两个光电倍增管之间）、符合电路、多道脉冲幅度分析器、数据处理和存储单元构成。使用液体闪烁体或均相流动池时，闪烁液必须与 HPLC 的流出液均匀混合。流动闪烁分析也可以用固体（异相）流动池、γ 池和正电子断层扫描（PET）池。

18.8.4 半导体探测器

半导体探测器的工作原理与气体探测器类似，都是用载流子在外电场作用下发生漂移运动而产生输出信号，气体探测器是离子对，半导体探测器是利用电子—空穴对。因此，半导体探测器又称为固体电离室。

另一方面，与气体探测器相比，半导体探测器又具有独特的优势：

密度大。半导体是固体材料，密度比气体大得多，因此对射线的阻止本领比气体大得多，为探测器小型化提供了条件；

平均电离能小。在半导体中产生一个电子—空穴对所需的能量约为 3 eV 左右，而在气体中产生一个离子对则需 30 eV 左右。入射粒子消耗同样多的能量，在半导体中可以产生更多的电子—空穴对，相应形成的脉冲幅度的涨落就小得多。这就是半导体探测器能量分辨率高的原因。

常见的半导体探测器分为三种：PN 结型半导体探测器、锂漂移型半导体探测器和高纯锗半导体探测器。

其中高纯锗探测器对 ^{60}Co 1.33 MeV 的能量分辨率好于 2.20 keV，优于溴化镧、碘化钠和塑料等闪烁探测器，高纯锗是用于制作γ谱仪的最佳探测体。

18.8.5 其他探测器

18.8.5.1 热释光探测器

某些材料在受到辐射后加热发光，这种特性称为热释光。热释光过程包括两步，第一步，使固体物质在某一温度下接收激发辐射的照射，第二步，中止激发，并对固体物质加热，人们发现，在温度上升过程中，这种固体物质便开始发光，发光强度是温度的函数。利用热释光的积分光输出量与其所受照剂量成正比的特性，来测定在环境中布放期间或者职业工作人员佩戴期间的累积剂量，评价该点的辐射水平。

热释光探测器可用于测量α、β、γ、中子和 X 射线。

18.8.5.2 放射性同位素质谱

传统的放射性核素测量方法，对于超痕量的长寿命核素的分析中表现出很多的不足，因为其检测限取决于被测核素的半衰期和衰变类型、在测量β核素如 ^{90}Sr、^{89}Sr 和 ^{99}Tc 等核素时，需要繁杂的化学分离以除去其他干扰核素、α谱仪也需要使用无载体或者接近无载体的样品进行测量以获得好的能量分辨率，且难以区分能量相近的同位素。而质谱仪采用了直接的原子计数和离子化方法，具有较高的灵敏度，对同位素和同质异位素有良好的选择性，因而对长寿命的同位素能够实现灵敏分析和快速测定。

重要的同位素质谱分析方法有：热电离质谱、辉光放电质谱、二次离子质谱、电感耦合等离子体质谱、共振电离质谱和加速器质谱等。

参考文献

［1］潘自强. 电离辐射环境监测与评价［M］. 北京：原子能出版社，2009.
［2］徐旭涛. 国家职业资格培训教程（辐射防护工）［M］. 北京：原子能出版社，2010.
［3］中华人民共和国国家标准. 辐射环境监测技术规范：HJ/T 61—2001［S］.
［4］中华人民共和国国家标准. 电离辐射防护与辐射源安全基本标准：GB 18871—2002［S］.
［5］中华人民共和国国家标准. 辐射环境监测技术规范：HJ/T 61—2001［S］.